肖葵 邹士文 董超芳 李晓刚 编著

电子材料大气腐蚀行为与机理

Atmospheric Corrosion Behavior
and Mechanism
of Electronic Materials

化学工业出版社

·北京·

本书详细介绍了电子材料在各类环境中的腐蚀特征，透彻分析了污染物、颗粒物、电场和磁场等对电子材料腐蚀行为的影响和腐蚀机制，以及PCB的腐蚀行为与机理；建立了多因素作用下电子材料腐蚀失效规律和理论模型，为电子设备系统中电子电路和电子元器件的选材、设计、制造、防护和维修等提供理论指导。

本书适合从事材料腐蚀与防护、表面技术以及电子材料相关研究的技术人员、师生阅读参考。

图书在版编目（CIP）数据

电子材料大气腐蚀行为与机理/肖葵等编著.—北京：
化学工业出版社，2019.6（2023.10重印）
ISBN 978-7-122-34233-1

Ⅰ.①电… Ⅱ.①肖… Ⅲ.①电子材料-大气腐蚀
Ⅳ.①TN04

中国版本图书馆CIP数据核字（2019）第059474号

责任编辑：刘丽宏　　　　　　　　　　文字编辑：孙凤英
责任校对：王鹏飞　　　　　　　　　　装帧设计：刘丽华

出版发行：化学工业出版社（北京市东城区青年湖南街13号　邮政编码100011）
印　　装：北京虎彩文化传播有限公司
710mm×1000mm　1/16　印张14½　字数287千字　2023年10月北京第1版第3次印刷

购书咨询：010-64518888　　　　　　　售后服务：010-64518899
网　　址：http://www.cip.com.cn
凡购买本书，如有缺损质量问题，本社销售中心负责调换。

定　　价：88.00元

前言

材料同信息工程、能源工程及生物工程并称为当今世界新技术革命的四大支柱。电子材料作为信息传输的载体和依托，广泛应用于各种电子设备中。随着科学技术的发展，电子设备越来越多地应用于工业自动化控制系统、军事指挥系统、社会保障服务系统和家庭生活等各个方面。它们的运行状况直接关系到工业自动化和军事指挥系统的可靠性，以及社会和生活服务系统的稳定性。

随着电子技术的不断革新，电子电路和元器件正向着进一步微型化和高度集成化的方向发展，极微量的吸附液膜或腐蚀产物都会对电子电路和元器件的性能产生严重影响。与结构材料相比，一方面，少量的污染物就可能导致电子材料的严重腐蚀，而肉眼难以观察到的或者只有在显微镜下才能观察到的微量腐蚀产物就可能造成连接器或连接材料的失效。另一方面，电子电路和元器件多在电场和磁场的共同作用下工作，电场和磁场的存在，对金属腐蚀过程有明显的影响，通常会加速腐蚀过程中离子的迁移，促进腐蚀的发展。因此电子材料腐蚀常常要比结构材料的腐蚀更为严重和复杂。正是这些因素加大了电子材料防腐蚀的难度，因为即使电子材料发生局部微量的腐蚀，也可能导致整个电子设备系统的瘫痪。

电子设备的使用环境90%以上是在大气环境，电子材料的金属表面上一旦形成薄液膜则开始发生腐蚀电化学反应，特别是当存在SO_2、H_2S和NO_x等污染气体，以及表面防护中使用的有机化合物分解产生气体和有机酸时，电子材料会快速腐蚀，导致器件功能丧失殆尽，造成整体系统的崩溃。即使在大气环境中存在10^{-9}级浓度的SO_2、H_2S和NO_x等有害气体，也会造成电子设备的严重腐蚀，导致电子设备故障。例如，2007～2009年，国内某大型金融企业主机房价值2亿元的电子设备连续三年发生含硫大气腐蚀，导致电路板金属发生露点腐蚀、器件引脚开路，造成大量存储数据的丢失，严重威胁到金融安全、企业效益和客户利益。此外，附着在金属表面上的含盐的各种尘埃不仅有助于水膜的形成，而且还会加速腐蚀反应。尘埃中含有SO_4^{2-}、NO_3^-、Cl^-等水溶性成分，当尘埃附着在连接器和触点等部位上，在一定的湿度（40%RH）下将发生腐蚀。当电子设备在高湿（80%～100% RH）环境下使用时，还面临着细菌、霉菌等微生物腐蚀的危险。电子元器件的使用还处于电场和磁场共同作用下的复杂环境中，外界电场和磁场对带电粒子在薄液膜中迁移、扩散以及沉积的影响十分显著，会加速电子材料的腐蚀过程。因此，电子材料发生的腐蚀比一般的环境损伤发展得更快速，后果更加严重，而且更加难以预防。

电子电路和元器件的微型化和高度集成化，以及世界范围内污染气体浓度的增加，电子材料面临着更复杂的电场、磁场和污染物浓度环境；工作条件更加苛刻，腐蚀问题更加严重。然而，关于电子材料环境试验方法、微量腐蚀产物分析手段、微区腐蚀电化学特征以及失效评价方法等方面的研究工作目前基本处于探索阶段。因此，开展模拟电子设备使用环境下电子材料的腐蚀行为试验研究，建立多因素作用下电子材料腐蚀失效规律和理论模型，具有重要的理论价值和实际意义，可为电子设备系统中电子电路和电子元器件的选材、设计、制造、防护和维修等提供理论指导。

本书分为11章，第1章概括了电子材料腐蚀研究进展；第2章介绍了电子材料大气腐蚀失效机制分析；第3章至第5章详细阐述了电子材料在H_2S作用下的腐蚀行为、电子材料在盐雾环境中的腐蚀行为、电子材料在含SO_2盐雾条件下的腐蚀行为；第6章介绍了大气颗粒物作用下的腐蚀行为与机理；第7章介绍了微生物作用下的腐蚀行为与机理；第8章和第9章重点介绍了电子材料在电场和磁场作用下的腐蚀行为；第10章和第11章介绍了电子材料在液滴下的腐蚀行为与机理和电子材料在薄液膜下的腐蚀机理。

此外，为方便读者对比、参照，书中图片对应的彩色照片可以扫描下方二维码直接免费查阅。

本系列研究工作是在国家自然科学基金面上项目（No. 51671027和51271032）、国家自然科学基金重点项目（No. 51131005）、航空工业基金项目（No. 2011ZD74003）和科技部科技基础条件平台项目（2005DKA10400）的共同资助下完成的，在此一并感谢！

本书由北京科技大学肖葵研究员、航天材料及工艺研究所邹士文高级工程师、北京科技大学李晓刚教授、北京科技大学董超芳教授编著。李晓刚教授对全书进行了细致的审核。特别感谢易盼博士、丁康康硕士、胡静硕士、颜利丹硕士、胡玉婷博士、白子恒博士、刘茜博士、郑文茹硕士、高雄硕士、熊睿琳硕士等在电子材料腐蚀机理研究方面做了大量细致的研究工作，同时也感谢张婷、张亦凡、毛成亮、王旭、蒋立、董鹏飞、李雪鸣、王吉瑞、薛伟、李瞾亮、冯亚丽、白苗苗、宋嘉良、陈俊航等同学的工作。

由于受工作和认识的局限，书中不足之处难免，希望读者赐教与指正。

编著者

目录

01 第1章 电子材料腐蚀研究进展

02 第2章 电子材料大气腐蚀失效机制分析

03 第3章
电子材料在 H$_2$S 作用下的腐蚀行为

04 第4章
电子材料在盐雾环境中的腐蚀行为

05 第5章
电子材料在含 SO₂ 盐雾条件下的腐蚀行为

06 第6章
大气颗粒物作用下的腐蚀行为与机理

07 第7章
微生物作用下的腐蚀行为与机理

08 第8章
电子材料在电场作用下的腐蚀行为

09 第9章
电子材料在磁场作用下的腐蚀行为

10 第10章
电子材料在液滴下的腐蚀行为与机理

11 第11章
电子材料在薄液膜下的腐蚀机理

第 1 章

电子材料腐蚀研究进展

材料同信息工程、能源工程及生物工程并称为当今世界新技术革命的四大支柱，而材料又是能源与信息的载体及依托，没有它就无法进行能量和信息的转换、传输与利用。电子材料作为整个材料行业不可或缺的一员，种类繁多，其中铜及铜合金、银及银合金、镍及镍合金、金及金合金、钯及钯合金、锡及锡铅合金、铝、镀锌钢材等被广泛应用于电子设备中，分别作为印制电路板（PCB）导电材料、触点接点材料、可焊镀层材料、铆接焊接安装材料、设备的支撑和框架等。另外，聚硅氧烷树脂、聚酰胺和环氧树脂等聚合物也分别作为涂层、胶囊包装材料和黏结剂等。

电子材料对环境污染物的浓度要求十分苛刻，甚至远低于对健康损害的标准量级，如 SO_2 的最高浓度允许值为 30×10^{-9}（体积分数），而人体健康的标准是 1000×10^{-9}（体积分数）；对于 H_2S，相应浓度分别为 10×10^{-9}（体积分数）和 10000×10^{-9}（体积分数）[1]。同时，在电子电路生产中，材料中残留的少量 Cl^- 或 Br^- 等也可直接导致电路的腐蚀失效。电子材料的大气腐蚀机理和其他情况下的大气腐蚀一样，受相对湿度、温度和污染物（Cl^-、H_2S、SO_2 和 NO_x 等）等因素的协同作用。电子设备中的 Au、Ni、Cu、Ag、Al 等经常发生严重腐蚀，电子材料腐蚀速率的大小取决于电子元件和设备所处的环境，其中，湿度对腐蚀速率的影响是最显著的。在潮湿环境中，当不同电极电位的金属或合金接触时还容易发生电偶腐蚀；当活性金属表面涂覆或溅射的惰性保护层有小孔或缺陷时，腐蚀性介质将接触活性金属基体而诱发腐蚀[2,3]。所以，这些金属、合金、镀层和聚合物在环境中的稳定性和耐蚀性将直接影响电子设备的可靠性和使用寿命。

1.1 电子材料腐蚀的影响因素

1.1.1 相对湿度

相对湿度是导致电子器件触点材料腐蚀的最重要因素。由于金属表面上形成的水膜为金属腐蚀溶解提供了前提条件，过高的相对湿度可导致电子系统发生腐蚀，进而造成短路或断路现象[2]。当空气相对湿度超过临界湿度时，金属表面将形成一层水膜，从而满足电化学腐蚀过程的需要，使腐蚀速率明显加快，并且湿度越高，腐蚀速率越快。测量发现，在相对湿度65%～80%的空气中，物体上的水膜厚度为0.001～0.1 μm，而在相对湿度为100%时，物体上的水膜厚度可达几十微米[4]。当相对湿度的变化导致表面吸附薄液膜层厚度变化时，反应过程中的氧扩散速度也会变化；同时，随着相对湿度的增大，阴极反应电流密度也逐渐增大。在腐蚀反应初始阶段，电子材料腐蚀速率随相对湿度增大而增大，但是随着腐蚀的发展，先期生成的腐蚀产物会堆积在表面，对腐蚀进程产生影响，在一定程度上可阻碍反应的进行。因此，高相对湿度环境下的腐蚀速率也有可能在腐蚀后期相对降低[5]。当空气中存在污染物时，临界相对湿度值将随污染物浓度的增加而降低[6]。

1.1.2 温度

大气腐蚀过程涉及许多受温度影响的参数，如金属的溶解速率和再钝化速率，吸附水的数量、次序以及腐蚀性气体的浓度等。温度变化可能会改变反应的控制步骤，从而影响腐蚀速率和机制[6]。在不同温度下，通过极化曲线和交流阻抗测试在吸附薄液膜状态下印制电路板铜箔的腐蚀行为发现，在初期随着温度的升高，氧气和离子在薄液膜中的扩散速率增大，阴极反应电流密度增大，促进了腐蚀电化学反应的进行。但是在后期，先期生成的腐蚀产物堆积在表面，对基底铜产生一定的保护作用，此时反应物质的扩散过程变为受产物膜厚度和温度的协同作用。通常，温度的升高，可促进气体和离子的扩散，加速腐蚀过程；但当温度继续升高时，腐蚀进程虽然加快，同时产物膜也在增厚，一定厚度的产物膜会抑制离子的扩散，反而造成腐蚀速率的下降。所以在某一温度下会出现腐蚀速率的极大值[7]，当低于该极值时，腐蚀速率基本随着温度的升高而增加，而当温度高于该值时，腐蚀速率随温度的升高而下降。

1.1.3 污染气体

污染气体成分的存在会加速材料大气腐蚀，H_2S、SO_2、O_3和Cl_2是促进薄液膜下的金属腐蚀的重要因素。表1.1[1]中列出了部分金属对大气中特定成分的腐蚀敏感性，表中的"高""中""低"只是对大气腐蚀速率的定性表示，并不代表具体的腐蚀速率的高低。

（1）SO_2

潮湿大气中SO_2对Cu和Ag等电子材料的腐蚀有加速作用，SO_2可以改变金属表面电解液膜的pH值从而提高发生腐蚀的概率。SO_2比其他酸性气体具有更高的溶解度，会在水中形成含硫的酸从而加速氧化物和氢氧化物的溶解[8]。在对电子元件暴露试验的研究中，发现 SO_2 能够明显地加速 PCB 材料的腐蚀，因为 SO_2 有较高的溶解度，其溶解于金属表面的薄液膜，形成含硫的酸，降低吸附液膜的 pH 值，从而提升腐蚀速率。研究表明单独的 SO_2 并不会造成严重的腐蚀，但是在 O_3、H_2O_2 或者 Fe、Mn 等过渡金属杂质的作用下，SO_2 极易被氧化为 SO_4^{2-}，并且在一定的 pH 下，会与金属形成各种简单或者复杂的硫酸盐。特别地，如果大气中同时存在 SO_2 和 NO_x，由于 NO_x 对 SO_2 的氧化作用，两者会产生强烈的协同效应，使铜的腐蚀速率急剧增加[9]。

表 1.1　部分金属对大气中特定成分的腐蚀敏感性[1]

腐蚀性成分	Ag	Al	黄铜	青铜	Cu	Fe	Ni	Zn	钢
CO_2/CO_3^{2-}	低			低		中	低	中	中
NH_3/NH_4^+	中	低	低	低	中	低	低	低	低
NO_2/NO_3^-	无	低	中	中	中	中	低	中	中
H_2S	高	低	中	中	高	低	低	低	低
SO_2/SO_4^{2-}	低	中	高	高	高	高	高	高	高
Cl_2/Cl^-	中	高	中	中	中	高	中	中	高
$RCOOH/COOH^-$	低	低	中	中	中	中	中	中	中
O_3	中	无	中	中	中	中	中	中	中

（2）H_2S

H_2S 是电子材料腐蚀中最为有害的腐蚀性气体之一，是含硫化合物影响材料性能的主要代表物[10-13]。研究发现 10^{-9} 量级浓度的 H_2S 也能使 Cu 及其合金迅速硫化成 Cu_2S，然后逐渐氧化成 SO_4^{2-}。在含 H_2S 大气下铜的主要腐蚀产物为 Cu_2S 和铜的氧化物（Cu_2O 和 CuO），由于 Cu_2S 的离子电导率高于铜的氧化物，Cu_2S 的生成更有利于 Cu^+ 的扩散，因而 H_2S 的存在还能够加速 Cu_2O 的生成过程，促进 Cu 的氧化腐蚀[13]。此外，Ag 对 H_2S 腐蚀极为敏感，H_2S 可与 Ag 在任何湿度条件下发生反应，腐蚀产物 Ag_2S 的生长随时间成线性关系，几年内 Ag_2S 晶须可长到数毫米的长度。

（3）Cl^- 和 Cl_2

Cl^- 是大气中最为常见的污染物之一，尤其是在海洋环境中存在大量的 Cl^-，在一定的湿度下，PCB 表面会形成一层液膜或液滴，Cl^- 溶解其中就会产生电化学腐蚀。Cl_2 则能降低材料表面液膜的 pH 值，生成易吸湿的腐蚀产物，从而影响吸附水的数量。Cl_2 和 Cl^- 还能促进其他污染物的吸附，两者均促进 PCB 金属材料的腐蚀。在吸附薄液膜下的腐蚀电化学研究中发现，由于 Cl^- 水合能很小，很容易吸附在金属表面；并且 Cl^- 半径很小，能够穿透金属表面的氧化物层，从而破坏金属的钝化膜，加速金属的腐蚀，因此 Cl^- 对金属的危害性非常大[14]。研究 Cl^- 对薄层电解质中锡的腐蚀行为发现，在起始阶段 Sn 的腐蚀速率随着液膜的减薄而增大，在相同液膜厚度的情况下，随着时间的延长，腐蚀速率降低，最后在 $50 \sim 100\ \mu m$ 的薄液膜中由于金

3

属离子的扩散困难而抑制了阳极过程的进行[15]。研究盐雾环境对覆铜板的腐蚀规律发现在盐雾初期覆铜板表面生成红棕色的 Cu_2O 锈层，随着盐雾时间的延长，由于 Cl^- 对锈层的破坏作用，在锈层上出现以 $Cu_2(OH)_3Cl$ 为主要成分的绿锈[16]。进一步研究含 Cl^- 薄液膜下铜的腐蚀行为，发现在含氯电解质中 $CuCl_2^-$ 为主要络合物种类，铜的阳极溶解过程由 $CuCl_2^-$ 从电极表面向电解液传送速率控制；在随后的沉积过程中，$CuCl_2^-$ 转变为 Cu_2O，进而氧化为 CuO 和 $Cu_2(OH)_3Cl$[17]。

1.1.4 电场和磁场

大气腐蚀是电化学腐蚀过程，电化学反应生成的阳离子、阴离子分别向阴极区和阳极区迁移。当有外加电场和（或）磁场时，离子迁移将受到电场力和洛伦兹力的作用，发生定向迁移，从而影响腐蚀过程，甚至引起腐蚀产物发生定向蠕动。

在外加电场环境下，印制电路板铜箔在吸附薄液膜中的阴极反应电流密度会变小，腐蚀速率降低，其主要原因是表面腐蚀产物的减少。同时，外加电场对吸附薄液膜下的离子（Cl^-）迁移产生重要影响：阴离子向电场正极方向迁移，阳离子向电场负极方向迁移。由于离子的定向迁移，导致电极表面的侵蚀性离子减少，使得宏观腐蚀电化学反应速率下降，表观腐蚀速率降低。然而这种电场作用下的离子定向迁移会导致腐蚀性离子在局部区域内富集，导致严重的局部腐蚀的发生[18]。

外加磁场下，溶液中运动的带电离子会由于洛伦兹力的作用产生磁流体力学流动（magneto hydro dynamics, MHD）现象，离子迁移速率、腐蚀产物的生成和扩展速率都在磁场的作用下增大，进而提高电化学反应速率、促进腐蚀过程。同时，磁场的强度、方向都会对腐蚀过程产生作用[19]。采用线性电位扫描极化曲线测试等方法研究磁场对铜在 NaCl 溶液中阳极溶解的影响发现，铜在高阳极电位区间的阳极溶解表现出传质控制的特征，当施加 $0.1 \sim 0.4T$ 磁场时，高阳极电位区的电流密度会增大[20,21]。

1.1.5 灰尘与雾霾

灰尘的吸水性极强，当灰尘沉积在电子材料表面时，会以灰尘为中心吸附空气中的水蒸气在材料表面形成水膜，其中可溶性物质溶于水中形成薄电解液膜，对电子材料有很大腐蚀性，甚至在灰尘周围长出霉菌，从而导致电子材料的腐蚀，腐蚀产物容易导致电接触失效和电路短路。灰尘导致的腐蚀程度强弱取决于灰尘本身和周围环境中腐蚀性离子的浓度。对长期室内暴露的镀金电子材料腐蚀行为的研究，发现灰尘的存在增加了镀金材料表面发生微孔腐蚀的概率，腐蚀产物呈现"晕圈状"生长，提出了"潮汐腐蚀"机制[22,23]。

近年来，中国多次爆发大面积的雾霾事件，引起了广泛关注。雾霾不仅会伤害人体器官，影响气候，而且对电子设备，尤其是其中的电路板也产生重要影响，会加速电路板的腐蚀。雾霾主要由二氧化硫、氮氧化物以及可吸入颗粒物组成，前述两者为气态污染物，后者颗粒物是加重天气污染的罪魁祸首。通常把环境空气中动力学当量直径小于等于 2.5μm 的颗粒物称为细颗粒物（fine particulate matter），即 PM2.5。PM2.5 的化学成分主要包括有机碳、元素碳、硝酸盐、硫酸盐、铵盐和钠盐等。雾霾中的这些颗粒污染物非常小，很容易吸附到 PCB 板表面，在一定的湿度下，会形成薄液膜，从而使电路板发生电化学腐蚀。并且由于雾霾中本身就含有大量的 SO_2、NO_x，小颗粒中也含有一些硫酸盐、铵盐等腐蚀性物质，会进一步加重电路板的腐蚀。因此，雾霾对电路板的影响是各种腐蚀因素的相互耦合，对电路板的腐蚀破坏会更加严重。

1.1.6　微生物

大多数微生物生长的理想条件是温度 20 ～ 40℃、相对湿度 85% ～ 100%，霉菌多数属好氧菌，喜好偏酸性环境[24]。霉菌在新陈代谢中能分泌出大量的酵素和有机酸，这些成分会造成电子材料的腐蚀；霉菌在生长繁殖过程中产生大量菌丝，会像含水海绵一样具有很强的吸湿作用，使材料表面长期处于潮湿状态，霉菌的菌丝因含有水分而具有导电性，菌丝的生长会使得不同区域的导体越过绝缘材料的隔绝直接通过菌丝相通，形成电气回路，造成电路短路。霉菌丝还可能改变有效电容，使设备的谐振电路不协调，从而导致某些电子设备的严重故障。因此，霉菌生长的直接或间接破坏作用均能损害电气或电子装置[25]。

适宜的环境条件引起霉菌的生长，其生长繁殖的代谢产物中含有大量有机物，腐蚀性有机物的积聚也可造成电路的中断或短路等。如印制电路板上元器件引线用的聚氯乙烯套管、助焊剂残余物等，在适宜条件下严重长霉，造成真菌对电子电路和元器件的腐蚀，进而引发短路。事实上，地下掩体、巷道环境等满足霉菌生长的所有适宜条件，在这些环境下服役的电子装备也面临着霉菌腐蚀的危险[26]。海军舰载电子设备同时面临着湿热、盐雾、霉菌的三重考验[27,28]，因此军用电子装备提出了三防要求（防湿热、防盐雾、防霉菌），三防技术不是简单的"工艺防护"，而是一项涉及材料、工艺、结构设计及保障方法的综合性技术。

一般认为，金属腐蚀程度与附着微生物的数量有关；同时，微生物附着不是一种被动现象，而是为生命代谢汲取营养的一种环境适应的行为。当霉菌大量附着在金属表面，会导致金属表面氧分布不均，加之霉菌大量消耗氧，使得霉菌菌丝及菌落附近的氧浓差现象更为显著，从而引发金属表面氧浓差电池腐蚀。由黄铜在霉菌（黄曲霉、黑曲霉等 10 种霉菌）环境中的研究发现，相比于无菌丝附着处，黄铜表面霉菌附着处的腐蚀更严重，主要原因是溶解氧浓度在霉菌菌丝体边缘处较高[29]。同时，对湿热霉菌环境下不同表面处理 PCB 腐蚀的研究结果表明，霉菌能在 PCB 上大量生长繁殖，霉菌生长造成 PCB-Cu 表面有菌丝附着区域出现贫氧，使得该区域阴极速率降低，抑制了局部腐蚀的进程[30]。

1.2 电子材料的大气环境腐蚀机理

电子设备使用环境的复杂性和电子材料选材的多样性，导致了电子材料腐蚀的特殊性，主要表现在：

① 薄液膜下的大气腐蚀。电子设备在大气环境中使用时，材料表面的相对湿度达到露点后，就会在电子电路和元器件表面形成一层薄液膜，污染气体、灰尘等就会溶解于其中，形成腐蚀性电解液，发生电化学腐蚀。

② 微型化和高密度的多金属材料体系。由高集成化印制电路和元器件构成的多种金属和合金体系，容易发生电偶腐蚀和缝隙腐蚀，极微量的导体和半导体性质的晶须和剥落的腐蚀产物，就会在狭小的空间内导致元器件引脚和电子电路的短路。

③ 电子材料腐蚀的环境因素极其复杂。电子设备的结构特点和作用其上的环境因素可导致电子材料多种类型的腐蚀。由于尺寸因素导致的环境影响的功能性放大，导致极轻微的腐蚀就会引起严重性的影响甚至破坏性的后果。

1.2.1 薄层液膜下腐蚀特点

金属暴露在大气环境中，会吸收环境中的水分，在金属表面形成一层电解液膜，引发大气腐蚀，如图1.1所示，M代表金属基体[1,31]。金属表面接触大气环境后，发生羟基化过程：分子态或游离态的水蒸气受到金属基体的作用，以游离的OH^-的形式与基体结合形成M-OH吸附对。金属表面的羟基化过程很快，在几毫秒内完成。随后水以分子形态继续在金属基体表面吸附。水分子通过吸附凝聚、毛细凝聚和化学凝聚作用吸附在金属表面，金属表面吸附水分子的量与环境相对湿度有关[32,33]。在75% RH时，吸附的水分子层约为5层，当水膜厚度大于5层时，就可以进行电化学腐蚀过程[1]。水分子在金属表面的吸附受到诸多因素的影响：基体表面亲水性/憎水性、粗糙度、缺陷密度等，以及大气环境中相对湿度、悬浮颗粒等。

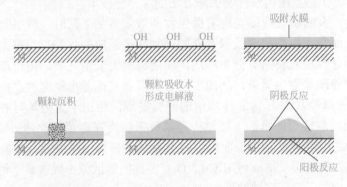

图1.1　金属表面大气腐蚀过程示意图

由于薄层液膜自身所具有的诸多特点，金属的大气腐蚀行为与其在本体溶液中有较大的差别，主要表现在以下几个方面：

① 对于阳极过程，由于液膜厚度较薄，溶液量较少，造成金属氧化形成的阳离子浓度过大，金属易于钝化；金属离子水化过程困难，腐蚀电池的阻抗较大，导致在电极表面形成的腐蚀产物扩散困难，覆盖在电极表面，使阳极过程受到较大的阻滞。因此，薄层液膜下金属的阳极极化电流将比相同极化电位下的本体溶液中金属的阳极极化电流小。

② 对于阴极过程，在薄层液膜中氧更容易到达金属的表面，从而参与基体的腐蚀过程，故薄层液膜下的腐蚀过程以氧的去极化反应为主要的阴极过程。H^+和O_2都是去极化剂，由于氧的平衡电位更高，因而优先被还原。O_2从电极表面垂直方向穿过水膜，极化过程中消耗的O_2能够得到及时的补给，而在本体溶液中，氧到达电极表面必须穿过很厚的溶液层，其传输速度必将受阻，因此通常情况下薄液膜下阴极极化电流密度比本体溶液中金属的阴极极化电流密度大。

③ 另外，由于几何条件的限制，薄层液膜中的电流分布也与本体溶液中的电流分布存在较大的差异。薄液膜条件下电极表面状态有两个重要特点：一是薄液层下电流不是垂直而是大部分平行于电极表面；二是液层厚度远小于电极表面的宽度。由于电极中心区电流通路的液相电阻大于边缘区的液相电阻，电流将趋向集中于边缘区，导致电流的不均匀分布。

1.2.2　薄层液膜下大气腐蚀的电化学特征

金属在薄液膜下的腐蚀过程仍然表现出明显的电化学特征，遵循着腐蚀电化学的一般规律。如不考虑大气环境中的污染成分，则金属在薄层液膜下腐蚀反应的阳极过程以金属离子的溶解为主。阳极反应如式（1.1）所示：

$$M \longrightarrow M^{n+} + ne^- \tag{1.1}$$

在液膜很薄时，氧很容易扩散到电极表面，但是此时由于金属溶解后金属离子很难迅速地扩散出去，也可能由于金属发生钝化，从而导致金属的阳极溶解过程减缓。薄液膜下金属的阳极过程如式（1.2）所示：

$$M + xH_2O \longrightarrow (M^{n+})M^{n+} \cdot xH_2O + ne^- \tag{1.2}$$

薄液膜条件下，由于氧很容易到达金属表面，所以阴极主要以氧的去极化为主，即以氧向电极表面的扩散为主。薄液膜越薄，扩散速度越快；但当金属表面未形成连续液膜时，氧的去极化过程将会受到抑制。腐蚀的阴极过程则以氧的去极化反应为主，具体阴极反应如式（1.3）和式（1.4）所示：

$$O_2 + 4H^+ + 4e^- \longrightarrow 2H_2O \text{（酸性环境）} \tag{1.3}$$

$$O_2 + 2H_2O + 4e^- \longrightarrow 4OH^- \text{（中性或碱性环境）} \tag{1.4}$$

虽然液膜厚度较薄，氧在其中的扩散比较容易进行，但阴极过程的反应速率甚至整个腐蚀过程的动力学特征都受到氧在薄液膜中扩散过程的控制[34,35]。液膜厚度对氧的还原过程有明显的影响，氧的阴极还原速率随液膜厚度的变化存在一个最大值[36]。一方面是由氧的盐效应所造成的，即水分的蒸发导致溶质的浓缩和聚集，这使得薄液膜中氧的溶解度降低，从而引起氧还原速率的降低[37]；另一方面是由于液膜厚度较薄所造成的电流分布不均匀导致了氧还原速率的下降[38]。进一步研究表明[39,40]，虽然液膜厚度的减薄对氧的扩散过程起到了一定的促进作用，但在该过程中氧的盐效应仍占主导地位。

人们对氢在阴极过程中的作用目前仍然存在异议。一种观点认为在薄液膜下的腐蚀过程中，氢的还原反应是可以忽略的[41]。但还有不同的观点认为薄液膜下的大气腐蚀过程中普遍存在着析氢反应，氢和氧的还原反应共同参与了腐蚀的阴极过程[42]。

综上所述，由于薄液膜的几何结构特征，阳极过程腐蚀产物的生成、阴极过程中氧和氢作用的不确定性以及薄液膜中电流分布情况等因素的共同影响，金属在薄液膜下的大气腐蚀过程和机理显得尤为复杂。

1.3 电子材料的腐蚀类型

电子材料的大气腐蚀机制与其他体系大气腐蚀基本相同，但又有自己的特点。电子材料腐蚀失效机制与传统结构材料失效有很大区别，结构材料的失效往往是由于腐蚀造成的材料力学强度的丧失，而电子材料则侧重于腐蚀对其电气性能的影响，且极微量的腐蚀便能造成电子材料失效或性能严重劣化。电子设备中的银、铜、铁、锌等经常发生均匀腐蚀，腐蚀速率的大小取决于电子电路和元器件所处的环境。电子设备中金属种类较多，元件间起绝缘或保护作用的涂层（环氧、塑料、陶瓷等）在潮湿甚至缺水的情况下，均能产生良好的离子导电性通道，金属电偶腐蚀的倾向增大。同时，由于元器件体积小，空间密度又很大，即使元器件表面存在着微量腐蚀产物，也会产生严重影响，导致电子电路和元器件的早期失效。特别地，由于电子材料表面镀层本身孔隙、划痕等表面缺陷，引线弯弧处裂纹，电镀过程中引入污染物等因素的影响，会加速电子材料的腐蚀失效。在实际使用环境下，水汽和腐蚀性介质会通过表面缺陷渗入并接触金属母材，引发化学和电化学腐蚀，使得金属母材发生阳极溶解。随反应进行，腐蚀产物不断堆积并产生蠕动，即便是局部极微量（微纳尺度）的腐蚀产物的萌生与蠕动，也能造成电子材料腐蚀失效。

1.3.1 电偶腐蚀

两种不同金属或一种金属与其他非金属电子导体相互接触，在潮湿条件下，便会形成电偶腐蚀。此外，当活性金属表面溅射或涂覆的保护层有缺陷和小孔时，腐蚀性介质将接触活性基体金属从而促进电偶腐蚀。这是电子材料经常发生的一种腐蚀类型。组成腐蚀电偶的两种金属，或处于不同活性状态下的金属，在腐蚀性介质中存在电位差。当它们处于电连接状态时，在阳极金属/电解质的界面发生溶解，放出电子，通过电子导体流向阴极材料，在阴极/电解质界面上发生阴极还原反应。在电子电路和元器件中，覆铜电路板、锡（铅）焊点、镀金、镀银等彼此之间易形成腐蚀电偶，引发薄液膜作用下的电偶腐蚀。

Cu/Sn63-Pb37偶对在40℃、95% RH的湿热大气环境中的电化学行为研究表明[43]：Sn63-Pb37表面出现活化倾向，电偶电位随着腐蚀时间的延长不断降低，Cu电极表面的阳极极化作用经历先强后弱的过程，相反Sn63-Pb37电极表面的阴极活化作用影响不断增强。由于腐蚀初期薄液膜内氧含量高，氧容易透过薄液膜与Cu表面直接接触发生氧化还原反应，其进程得到不断的补充，阳极电偶电流密度不断增大，Cu作为偶对中的宏观阳极发生腐蚀，而Sn63-Pb37作为宏观阴极受到保护；随着腐蚀时间的延长，Cu表面被腐蚀产物覆盖，此时氧在金属基体中的扩散困难，氧去极化过程受到阻滞，相应地，阳极电偶电流密度降低，阳极溶解受到阻滞。

在潮湿和含Cl环境下手机印制电路板和按键触点间腐蚀行为的研究表明[44]：由于手机按键触点下部印制电路板触点盘表面的化学浸金层存在一些微孔，而在上部按键座的下层银层又存在很多裂纹（如图1.2所示），在空间狭小的潮湿环境下镀层表面会吸附一层电解液膜，很容易形成金属偶对，发生电偶腐蚀。在0.1mol/L NaCl溶液中原位电化学测试发现相对于表面的化学浸Au层，Au制触点盘具有高的阴极活性，而电镀Ni层和Cu层具有明显的阳极活性，易于发生阳极溶解反应。相对于纯Au，多孔性的表面化学浸Au层有更负的自腐蚀电位，在薄液膜下发生阳极溶解，使得下层的电镀Ni层和Cu基底暴露在腐蚀性介质中。

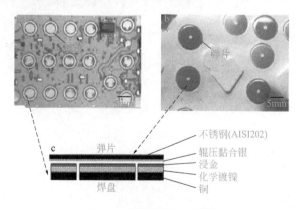

图1.2　手机按键触点装置

a—印制电路板触点盘；b—按键座；c—按键触点装配示意图[43]

1.3.2　微孔腐蚀

微孔腐蚀是电偶腐蚀的一种特例，经常发生在镀金元件表面镀层与内镀层或基底金属构成的双金属体系中。贵金属表面镀层总有微孔和其他缺陷的存在，导致金属基底暴露于腐蚀性介质中，与镀层形成电偶对，基体作为阳极发生腐蚀。腐蚀产物填充微孔，沿着孔壁上移达到镀层表面或产物体积膨胀致使涂层破裂。Cl_2、H_2S和SO_2等污染气体对微孔腐蚀有明显促进作用，显著缩短镀金触点在苛刻环境中的使用寿命。

　　铜基表面镀金处理的电连接材料微孔腐蚀行为的系列研究表明：经长期室内暴露后，镀金层表面不仅在孔隙处出现明显凸起的腐蚀核（几十微米厚），而且围绕着腐蚀核形成了直径达到亚毫米级的腐蚀晕圈（如图1.3所示），腐蚀晕圈尺寸和暴露时间呈指数生长关系，腐蚀晕圈面积远大于腐蚀核，腐蚀晕圈的高电阻及其不稳定性大大提升了电接触失效概率[45]；含SO_2大气环境下镀金层空隙处镍金属的腐蚀研究，发现镍腐蚀产物以离散的腐蚀产物丘的形式存在，随空气湿度增加，腐蚀丘数目增加，接触电阻大幅增加[46]。发生微孔腐蚀的首要控制因素是相对湿度和表面镀层的多孔性，SO_2是微孔腐蚀发生的一个促进因素。少量的SO_2被认为是促发腐蚀的必要条件，但是其具体浓度的影响则是次要的，裸金属表面的相对湿度与其中的SO_2含量呈线性关系[47]；而在H_2S气氛中铜基电接触材料镀金层微孔处发生Cu基体腐蚀，腐蚀产物沿着孔壁迁移并填充微孔，最后到达外表面（如图1.4所示）[48]。

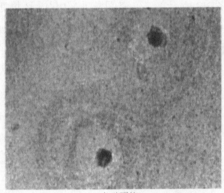 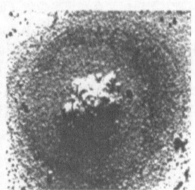

(a) 光学照片　　　　　　　　　　　　　　　　(b) 电镜照片

图1.3　室内暴露15个月镀金连接器触点试样表面腐蚀晕圈光学(a)和电镜照片(b)[45]

图1.4　硫化亚铜单独腐蚀点处的FIB切片形貌[48]

澳大利亚海军侦察机雷达天线波导的黄铜基底表面镀银层腐蚀行为研究表明[49]：在潮湿的大气环境中，水汽透过镀银层表面的微孔与黄铜基底接触，整个微孔处构成了腐蚀电偶，黄铜发生脱锌反应，锌的腐蚀产物在微孔处堆积，并将镀银层顶起，与黄铜基底完全剥离，丧失保护作用（如图 1.5 所示）。

图 1.5　镀银黄铜基底的微孔腐蚀[48]

1.3.3　爬行腐蚀

爬行腐蚀是指腐蚀产物在不需要电场的环境下，从电路板表面开始随着腐蚀严重性增强，进而向四周迁移生长的过程，这主要是由硫及硫化物等污染物导致的。相比于 Cu 的氧化物，Cu 的氯化物和硫化物有着更高的表面活动能力，因而可以显著加速爬行腐蚀过程。爬行腐蚀通常起始于如 PCB 上 Cu 裸露的位置，如镀层本身的孔隙、划痕等表面缺陷，引线弯弧处裂纹和电路板切割边缘等处。此外，爬行腐蚀还可以发生在有机塑料表面上，常见的爬行路径有塑封体、阻焊和连接器基座等。

爬行腐蚀的驱动力来自腐蚀产物化学组分的浓度梯度，通常腐蚀产物在 Cu 裸露处连续生成后，由高浓度腐蚀产物区域扩散到低浓度区域，随水分的消失而沉积在材料表面，其生长前缘的形貌一般呈枝状。爬行腐蚀产物表面扩散过程取决于腐蚀产物的化学组分和所在表面的性质。采用"表面扩散系数"这一概念定量描述给定环境下腐蚀产物在表面上的活动能力[50]，钯和金都有着较高的表面扩散系数，在所有金属中，金最容易发生爬行腐蚀，硫化铜在金表面的蠕动速率可达 0.005 ~ 0.013 mm/h。在 H_2S 气氛下青铜、黄铜和铜镍合金三种基材抗爬行腐蚀排序为黄铜＞青铜＞铜镍；而金、钯和 SnPb 镀层下的爬行腐蚀特征为金和钯的腐蚀最为严重，爬行距离最长[51]。

爬行腐蚀行为不仅与材料本身性质有关，还受到大气中污染气体（H_2S、Cl_2、SO_2 和 NO_2）等因素的影响，特别是 H_2S 气体，能使 Ag、Cu 及其合金迅速硫化，危害极大。当前，实验室内加速模拟 PCB 爬行腐蚀失效一般采用混合气体实验方法（MFG），研究发现包括表面清洁度、塑封体表面粗糙度、额外的划痕和外加电势差等预处理工艺对爬行腐蚀过程无明显影响[52]；浸银 PCB 在 H_2S 气体中的爬行腐蚀产物起源于阻焊剂边缘，其长于无阻焊剂情况下枝状产物的长度，而腐蚀产物主要包

括 Cu_2S 或 CuS[12]；浸银 PCB 阻焊表面的有机酸助焊剂残留物有着较高的活性，能够促进爬行腐蚀的进行[53]。

1.3.4 电化学迁移

随着电子元件向集成化、微型化方向发展，导电通路间距离变得极小，短路失效的概率大幅增加。PCB 短路失效的发生模式包括以下四种：导通孔到导通孔、导电通路到导电通路、导通孔到导电线路以及层与层间迁移，其中，最常见的失效模式是电路板表面上导通孔到导通孔之间的短路。电化学迁移又包括导电阳极丝（CAF）和枝晶生长两种形式（表1.2）。

表1.2　CAF、枝晶生长与爬行腐蚀行为特征比较

项目	CAF	枝晶生长	爬行腐蚀
是否电压驱动	是	是	否
敏感金属	Cu、Sn	Cu、Ag、Sn、Pb	Cu
迁移产物	金属氧化物	金属单质	Cu的氯化物和硫化物
迁移方向	由阳极指向阴极	由阴极指向阳极	无特定方向
失效形式	微短或开路	短路	短路或开路

由腐蚀引起的电化学迁移（electrochemical migration，ECM）是电子产品（特别是 PCB 和微电子器件）失效的最主要的原因之一。当存在电位梯度时，既可影响单一金属的腐蚀行为，也可能影响更多金属耦合的电偶腐蚀行为。电化学迁移包括阳极溶解、电场作用下的离子迁移和阴极还原沉积。由于集成度高，即使工作电压只有几伏特，PCB 上相邻线路的电场强度也可达 $10^4 \sim 10^5$ V/m。电场梯度越大，电化学迁移越快，甚至在数十分钟内就可导致电路失效。已有研究表明，不同金属的电化学迁移行为显著不同，银、铜、锡、铅和金具有较高的电化学迁移敏感性，而金属铝几乎不发生电化学迁移现象。

电化学迁移有两种形式，一种是金属离子迁移到阴极还原沉积形成枝晶并向阳极方向生长，另一种是从阳极向阴极生长的导电阳极丝（conducting anodic filaments，CAF）[54,55]。金属的腐蚀电化学迁移最终会造成电路的短路漏电流，从而导致系统的失效。

（1）导电阳极丝

CAF 是由于 PCB 中阳极金属发生腐蚀溶解，离子化的金属在外加电场驱动下由阳极向阴极迁移，从而形成由阳极指向阴极的丝状导电通路，造成短路失效，其在高温高湿环境下发展更快。对 PCB 中共晶 SnPb 合金电化学迁移特性的研究结果发现在失效初期，CAF 并未连接到阳极上，而是呈岛状分布于阳极附近，只有经过足够的时间后，才能形成阳极和阴极间的导电通路[55]。研究表明 PCB 助焊剂化学特性、施加电压（V）、导通孔间距（L）和温度等对 CAF 形成速度具有重要影响，平均失

效时间是 L^4/V^2 的函数[56]。

（2）枝晶生长

枝晶生长是电化学迁移的另一种表现形式，是由于阳极的金属离子进入溶液然后在阴极电镀析出形成的，一般呈针状或树枝状生长。枝晶的生长需要一个孕育期，以使阳极溶解的离子迁移至阴极，这往往需要外加电场的作用，接着在阴极表面形成扩散控制的稳定的沉积相，从而引发枝晶生长。由于电场强度的差异，不同浓度草酸溶液中 Cu 枝晶生长存在差异，在低浓度溶液中枝晶形貌呈丝状，而在高溶液浓度下则呈密集的分枝状[57]。进一步研究草酸体系下 Cu 枝晶的生长动力学，发现在低沉积电流密度下，枝晶呈丝状，生长速率恒定，而在高沉积电流密度下，枝晶呈分层枝状形貌，生长速率随时间增长。此外，枝晶生长速率还随草酸浓度、活化电流以及电势差增加而增大[58-60]。不仅仅是 Cu，PCB 中其他的金属也可能发生枝晶生长，通过模拟加速试验（55℃、85% RH 下施加电偏压）研究 Cu 和 Sn 枝晶生长的行为与规律，在 500 h 内枝晶可生长至 200 μm，且 Sn 和 Cu 并行迁移生长，表明 Sn 和 Cu 的腐蚀均会加速电化学迁移失效[61]。

1.3.5　缝隙腐蚀和沉积物下的腐蚀

通常，电子设备上大部分离子性污染物来源于沉积的颗粒物和灰尘，而不是直接来源于腐蚀性气体。当颗粒物和灰尘沉积之后，其不规则的立体形状，会与元器件表面之间形成缝隙。在缝隙处，由于表面污染和毛细管作用，其更易从大气中吸收水分和气体污染物，使得临界相对湿度明显下降。因此，在颗粒物和灰尘沉积处更易于生成电解液膜，形成氧浓差腐蚀电池，造成局部腐蚀。在触点和接插件处最容易发生这种局部腐蚀。

根据铜电路板缝腐蚀特征，利用阵列式 Ag/AgCl、IrO₂ 电极在 0.5 mol/L 的 NaCl溶液中分别同时原位检测电子电路板缝隙腐蚀过程，以及缝隙内的氯离子浓度分布、pH 分布及其随时间的变化。研究表明：在电子线路板发生缝隙腐蚀的过程中，缝隙内部不同深度的 Cl⁻ 及 H⁺ 浓度逐渐增大，且随着与缝口距离的增加而增大，从而导致缝隙腐蚀不断向纵深方向发展[62]。采用丝束电极研究铜在 5%（质量分数）NaCl 溶液中的缝隙腐蚀行为发现，缝隙腐蚀发生时缝隙内铜的腐蚀电位分布是不均匀的[63]。对残余焊料对印制电路板的腐蚀失效行为的研究发现，Sn 等残余焊料在污染性的气氛下会很快发生腐蚀，产生的腐蚀产物发生蠕动，最终导致电路的短路和整个系统的失效[64]。

1.3.6　振动腐蚀

振动腐蚀又称微动腐蚀或波纹腐蚀，指在腐蚀性环境中，由于热、电场、磁场或者机械等原因，互相紧密接触的金属之间，或金属与非金属之间发生低频相对振动（振幅 1 ～ 100 μm），造成接触面上出现坑状或细槽状破坏的行为。若接触处的材料很容易氧化，则当接触点移到一个新的位置后，原来的接触处就会被氧化，这种往复的运动最终可使接触表面生成一层绝缘的氧化膜，导致接触电阻的升高。影响振动腐蚀的因素包括：接触材料、接触表面的几何形状、环境介质中所含的污染性组分的种类和含量、振动滑移的幅度、接触负荷、频率和润滑等。通过工业环境对镀金、镀镍和镀锡触点微动电特性影响的研究，发现腐蚀产物在微动中的去除与腐蚀物形貌及其机械特性直接相关[65]。

1.4 典型电子材料的腐蚀特征

1.4.1 铜腐蚀特征

铜是一种对大气污染特别敏感的材料，理论上，铜在各种环境中均能腐蚀，其腐蚀速率与污染物的种类、相对湿度、湿度变化以及温度有关。一般认为，Cu_2O 是腐蚀产物中的主要组分，而 Cu_2S 等含 S 组分和 $CuCl_2$ 的含量则相对较低。当大气中含有大量 SO_2 时，会形成 $CuSO_4 \cdot nH_2O$。如果大气中同时存在 S 和 N 氧化物的气体，则将产生强烈的协同影响，使铜的腐蚀速率急剧增加。H_2S 与铜的反应速率相当快，形成的 Cu_2S 会逐渐氧化成为 $CuSO_4$[6]。当铜表面涂覆其他涂层时，铜会在微孔和其他涂层缺陷处，发生微孔腐蚀，其腐蚀产物还会在金、银涂层表面蠕动。此外，当隔离铜导体的绝缘材料吸附水膜后，在不同电压下，会引起离子在导体间的迁移，导致电解腐蚀。

通过 Cu 在 NaCl 和 $(NH_4)_2SO_4$ 溶液中的周浸试验观察到，NaCl 对 Cu 腐蚀的影响显著，试样的上表面因沉积了大量的盐颗粒而比下表面发生了更严重的腐蚀。Cu 表面的氧化产物膜在中性条件下比酸性条件下具有更好的保护性。在刚开始暴露于 NaCl 环境中时，Cu 的腐蚀速率非常大，随着时间延长，腐蚀速率逐渐降低，并最终保持恒定不变，整个反应过程服从溶解-沉淀机制[66]。通过 Cu 微电极在草酸溶液中的电化学行为研究发现，微电极在有/无电压影响下的电化学行为差别很大。如图 1.6 所示，没有电压作用下，腐蚀产物在微电极周围和表面均匀生长，而在电压作用下，电极之间发生 Cu 腐蚀产物的枝晶状生长，相邻电极间有短路发生倾向。在相同环境下，较小的电极表面发生更严重的腐蚀[67]。

1.4.2 镍腐蚀特征

在干燥情况下镍的腐蚀倾向很小，其表面可生成一层致密绝缘的氧化膜，阻止环境的侵蚀。在水汽缺乏时，这种氧化膜在达到 1～2 层分子层后自动停止。当相对湿度增加时，吸附在表面的水引起表面空穴浓度的增加而导致氧化膜增厚。当相对湿度达到95%时，NiO膜可与水反应生成Ni(OH)$_2$，在室温下其厚度可达2.5 nm。当Ni暴露在多相气体混合物中时，主要是SO$_2$、NO$_2$、Cl$_2$和O$_3$影响Ni的腐蚀率，H$_2$S没有影响，而NH$_3$起缓蚀作用。在电子元件中，Ni常用作Cu、Au之间的中间镀层，Ni上形成的氧化膜，可以有效地减小微孔腐蚀的影响，阻止腐蚀产物的迁移，还可提高铜层的耐久性。

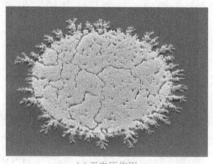

(a) 无电压作用   (b) 有电压作用

图1.6 Cu微电极在草酸溶液中的电化学行为[67]

通过镍在大气环境下的腐蚀行为研究发现，只有在城市大气环境中，镍的质量损失与SO$_4^{2-}$、NO$_x$和颗粒物有很大关联性，相对于碳钢、紫铜和锡，镍是唯一一种有这种关系的金属。然而在乡村大气环境下没有看到这种相关性，可能是乡村大气环境中的污染物含量太低缘故。镍的这种特性可能不只在室外环境下发生，在室内环境下同样会发生[68]。

1.4.3 锡腐蚀特征

Sn一般作为涂、镀层用于电子设备中。镀Sn样品上腐蚀产物的形成主要是腐蚀性成分与Sn反应的结果，Sn镀层上的Sn与Ni中间层存在较小的电偶腐蚀倾向。Sn在大气中形成的腐蚀产物主要是SnO$_2$和SnO，其中以SnO$_2$为主。除低浓度卤素外，大气中的其他杂质在常温下均不能显著影响Sn的腐蚀行为。

波纹腐蚀是镀Sn元件的主要腐蚀形式，一般通过提高接触界面的机械稳定性的方法，防止波纹运动的发生，也可以在接触界面上使用波纹润滑剂，防止界面的氧化[6]。晶须状生长是锡的固有特性，容易发生在焊盘的表面，在应力、电场、磁场和污染气体的作用下尤为明显。2006年欧盟开始实施RoHS标准，无铅焊料成为这项标准推行的最大瓶颈，因锡铅焊料拥有优越的浸润性、可焊性和低廉的价格等优势而很难找到无铅替代品。企业界和学术界对锡铜、锡银铜、锡锌等合金焊料做了大量研究工作，发现以Sn-3.8Ag-0.7Cu为代表的锡银铜合金和以Sn-7Zn-30×10^{-6}Al为代表的锡锌合金具有较好的综合性能，但也难以避免腐蚀产物蠕动和晶间腐蚀的发生。

高温干燥环境有利于锡的晶须生长，对经过电镀锡、热浸锡和锡银合金处理的覆铜试样进行金属晶须生长倾向性研究时发现：经过1248 h后，只在75℃的干燥环境中可以观察到试样表面的晶须生长，而在50℃、95%RH环境中未见到晶须的生长，而且这种晶须生长只在含锡的表面发生，同时，表面粗糙度的改变，并没有影响晶须生长的倾向[68]。对电气连接件铜基镀锡处理的触点部位的磨蚀行为的研究发现，随着触点接触循环次数的增加，表面镀锡层的结构向涟漪状发展，其接触电阻随之增加，表面氧化程度加剧，同时材料的硬度也会增加。当氧化产物膜发生脱落时，下层的金属间化合物就会暴露在表面，此时的硬度会明显增高，接触电阻明显下降，同时基底铜失去了保护作用[69]。

1.4.4 金腐蚀特征

金是一种不氧化的优良的接触材料，在一般环境中不腐蚀，但当金作为较薄的涂/镀层时，即使在腐蚀性很弱的环境中也可以引发微孔腐蚀。镀金元件的腐蚀行为与环境中的污染组分、相对湿度关系很大，而腐蚀产物的蠕动则主要与 H_2S 的存在有关。因此，金镀层在通常的厚度范围内，不适合于腐蚀环境中应用。镀金元件上的腐蚀产物是通过大气与Ni层或Cu基的相互反应而形成的，因此，金镀层的存在促进了基体Cu的大气腐蚀。

1.4.5 银腐蚀特征

银在通常的大气中不氧化，但易受含硫污染物（如 H_2S ）的侵蚀。不像其他腐蚀产物膜，Ag_2S 的生长随时间成线性关系，大约为30～35Å/月（1Å=10^{-10}m）。Ag_2S 非常软，容易脱落，易引起电子电路的桥接短路。在腐蚀性很强的环境中，银能形成Ag-S须状物，它可在几年内长到数毫米的长度。由于 Ag_2S 是半导体，这些须状物会引起短路，较厚的Ag-S膜还可能形成导电通道。银作为一种贵金属，对微孔腐蚀和腐蚀产物的蠕动也是敏感的，在用于印制电路板时，容易在高电场强度和高湿度环境下发生杂散电流腐蚀。

Ag在含 SO_2 和 H_2S 环境中的初期腐蚀机理研究表明，在初期Ag会与薄液膜中的 SO_2 反应生成 Ag_2SO_3 ，O_2 对 SO_2 溶于 H_2O 生成 HSO_3^- 有促进作用，这就使得初期生成相对较多的 Ag_2SO_3 产物膜，进而阻碍下层的Ag进一步发生反应。当Ag暴露在含有 H_2S 、必要的湿度和 O_2 的大气中时，O_2 优先与Ag反应，相对于无 O_2 环境，可以检测到更多的 Ag_2S 生成。湿度对于 H_2S 导致的Ag腐蚀有很大影响，湿度越高则腐蚀越严重[11]。

参考文献

[1] Leygraf C, Graedel T. Atmospheric corrosion[M]. New York: John Wiley & Sons, Incorpo, 2000.

[2] Guttenplan J D, Hashimoto L N. Corrosion control for electrical contacts in submarine based electronic

equipment[J]. Materials Performance, 1978, 18(12): 49-55.

[3] Sinclair J D. Corrosion of electronics[J]. Journal of Electrochemical Society, 1988, 135(3): 89-95.

[4] 李言荣, 恽正中. 电子材料导论[M]. 北京: 清华大学出版社, 2001.

[5] Huang H, Dong Z, Chen Z, et al. The effects of Cl^- ion concentration and relative humidity on atmospheric corrosion behaviour of PCB-Cu under adsorbed thin electrolyte layer [J]. Corrosion Science, 2011, 53: 1230-1236.

[6] 程玉峰, 杜元龙. 电子设备的大气腐蚀[J]. 材料保护, 1995, 28(12): 16-19.

[7] Huang H, Guo X, Zhang G, et al. The effects of temperature and electric field on atmospheric corrosion behaviour of PCB-Cu under absorbed thin electrolyte layer [J]. Corrosion Science, 2011, 53: 1700-1707.

[8] Zhang S, Shrivastava A, Osterman M, et al. The Influence of SO_2 environments on immersion silver finished PCBs by mixed flow gas testing[C]. 2009 International Conference on Electronic Packaging Technology & High Density Packaging, 2009: 116-122.

[9] Munier G, Psota L, Reagor B, et al. Contamination of electronic equipment after an extended urban exposure[J]. Journal of The Electrochemical Society, 1980, 127(2): 265-272.

[10] Zakipour S, Leygraf C, Portnoff G. Studies of corrosion kinetics on electrical contact materials by means of quartz crystal microbalance and XPS[J]. Journal of the Electrochemical Society, 1986, 133(5): 873-876.

[11] Kleber Ch, Wiesinger R, Schnoller J, et al. Initial oxidation of silver surfaces by S^{2-} and S^{4+} species[J]. Corrosion Science, 2008, 50: 1112-1121.

[12] Zhang S, Osterman M. The influence of H_2S exposure on immersion-silver-finished PCBs under mixed-flow gas testing[J]. IEEE Transactions on device and materials reliability, 2010, 10(1): 71-81.

[13] Tran T T M, Fiaud C, Sutter E M M. Oxide and sulphide layers on copper exposed to H_2S containing moist air[J]. Corrosion Science, 2005, 47: 1724-1737.

[14] 董言治, 尉志苹, 沈同圣, 等. 高盐雾条件下舰船设备的腐蚀防护研究进展[J]. 现代涂料与涂装, 2003, 3: 35-38.

[15] Zhong X, Zhang G, Qiu Y, et al. The corrosion of tin under thin electrolyte layers containing chloride[J]. Corrosion Science, 2013, 66: 14-25.

[16] 肖葵, 董超芳, 郑文茹, 等. 覆铜板在盐雾环境中的腐蚀行为与规律 [J]. 稀有金属材料与工程, 2012, (S2): 153-156.

[17] Liao X N, Cao F H, Zheng L Y, et al. Corrosion behaviour of copper under chloride-containing thin electrolyte layer[J]. Corrosion Science, 2011, 53(10): 3289-3298.

[18] Huang H, Guo X, Zhang G, et al. The effects of temperature and electric field on atmospheric corrosion behaviour of PCB-Cu under absorbed thin electrolyte layer [J]. Corrosion Science, 2011, 53: 1700-1707.

[19] Noninski V C. Magnetic field effect on copper electrodeposition in the Tafel potential region[J], Electrochimica Acta, 1997, 42(2): 251-254.

[20] 吕战鹏, 黄德伦, 杨武. 磁场对两种浓度氯化钠溶液中铜阳极溶解的影响[J]. 腐蚀与防护, 2001, 4(22): 141-144.

[21] 吕战鹏, 黄德伦, 杨 武. 磁场Cu/NaCl体系表观Tafel区阳极溶解的作用[J]. 腐蚀与防护, 2001, 3(22): 95-97.

[22] Lin X Y, Zhang J G. Dust Corrosion[C]. 2004. Proceedings of the 50th IEEE Holm Conference on Electrical Contacts and the 22nd International Conference on Electrical Contacts, 2004: 255-262.

[23] ZhouY L, Lin X Y, Zhang J G. The electrical and mechanical performance of the corroded products on the gold plating after long term indoor air exposure[C]. Proceeding of 46th IEEE Holm Conference on Electric Contacts, 2000.

[24] 陈丹明, 李金国, 苏兴荣. 军用电子装备的防霉[J]. 装备环境工程, 2006, 3(4): 78-95.

[25] 齐俊臣, 封艳文, 刘春和, 等. 军用电子产品贮存中的防霉技术[P]. 2008第六届电子产品防护技术研讨会论文

集, 2008: 74-78.

[26] 刘晓方, 陈桂明, 王汉功. 地下环境中电子设备的腐蚀与防护[J]. 腐蚀科学与防护技术, 2004, 16(5): 318-321.

[27] 张继源. 舰载雷达电子设备防护材料发展动态[J]. 材料保护, 2007, 40(7): 59-63.

[28] 孙海龙, 王晓慧. 舰载电子设备三防密封设计技术综述[J]. 装备环境工程, 2008, 5(5): 49-52.

[29] 梁子原, 林燕顺, 叶德赞, 等. 霉菌对金属材料腐蚀的研究[J]. 海洋学报, 1986, 8(2): 251-255.

[30] 邹士文, 李晓刚, 董超芳, 等. 霉菌对裸铜和镀金处理的印制电路板腐蚀行为的影响[J]. 金属学报, 2012, 48(6): 687-695.

[31] Chen Z Y. The role of particles on initial atmospheric corrosion of copper and zinc lateral distribution, secondary spreading and CO_2-SO_2-influence[D]. Sweden: Royal Institute of Technology, 2005.

[32] Forslund M, Leygraf C. Humidity sorption due to deposited aerosol particles studied in situ outdoors on gold surfaces[J]. Journal of Electrochemical Society, 1997, 144(1): 105-113.

[33] Lee S, Staehle R W. Adsorption of water on copper, nickel and iron[J]. Corrsion, 1997, 53(1): 33-42.

[34] Mansfeld F, Tsai S. Laboratory studies of atmospheric corrosion-I. Weight loss and electrochemical measurements[J]. Corrosion Science, 1980, 20(7): 853-872.

[35] Mansfeld F, Kendig M W, Tsai S. Corrosion kinetics in low conductivity media-I. Iron in natural waters[J]. Corrosion Science, 1982, 22(5): 455-471.

[36] Tooru T, Atsushi N, Jia W. Electrochemical studies on corrosion under a water film[J]. Materials Science and Engineering A, 1995, 198: 161-168.

[37] Stratmann M, Streckel H. On the atmospheric corrosion of metals which are covered with thin electrolyte layers-iii. the measurement of polarisation curves on metal surfaces which are covered by thin electrolyte layers[J]. Corrosion Science, 1990, 30(6-7): 715-734.

[38] 王佳, 水流彻. 使用Kelvin探头参比电极技术研究液层厚度对氧还原速度的影响[J]. 中国腐蚀与防护学报, 1995, 15(3): 180-188.

[39] Cheng Y L, Zhang Z, Cao F H, et al. A study of the corrosion of aluminum alloy 2024-T3 under thin electrolyte layers[J]. Corrosion Science, 2004, 46(7): 1649-1667.

[40] Fu A Q, Cheng Y F. Characterization of corrosion of X65 pipeline steel under disbanded coating by scanning Kelvin probe[J]. Corrosion Science, 2009, 51(4): 914-920.

[41] Evans U R. An introduction to metallic corrosion[M]. London: Edward Arnold, 1981: 26-28.

[42] Huang Y L, Zhu Y Y. Hydrogen ion reduction in the process of iron rusting[J]. Corrosion Science, 2005, 47(6): 1545-1554.

[43] 邱萍, 严川伟, 王福会. Cu/Sn63-Pb37偶对在模拟湿热大气环境中的电化学腐蚀[J]. 中国腐蚀与防护学报, 2007, 27(6): 329-333.

[44] Ambat R, Møller P. Corrosion investigation of material combinations in a mobile phone dome-key pad system[J]. Corrosion Science, 2007, 49: 2866-2879.

[45] Lin X Y, Zhou Y L, Zhang J. Island growth of corroded products on various plated surfaces after long-term indoor air exposure in China[C]. Proceedings of the Electrical Contacts, 1999 Proceedings of the Forty-Fifth IEEE Holm Conference, 1999.

[46] Krumbein S J. Corrosion through porous gold plate[J]. Parts, Materials and Packaging, IEEE Transactions on, 1969, 5(2): 89-98.

[47] Simeon J K. Corrosion Through Porous Gold Plate[J]. IEEE Transactions on Parts, Materials and Packaging, 1969, 5(2): 89-98.

[48] Sun A C, Moffat H K, Enos D G, et al. Pore Corrosion Model for Gold-Plated Copper Contacts[J]. Components and Packaging Technologies, 2007, 30(4): 796-804.

[49] Russo S G, Henderson M J, Hinton B R W. Corrosion of an aircraft radar antenna waveguide[J]. Engineering

Failure Analysis, 2002, 9: 423-434.

[50] Zhao P, Pecht M. Field failure due to creep corrosion on components with palladium pre-plated leadframes[J]. Microelectronics Reliability, 2003, 43(5): 775-783.

[51] Conrad L R, Pike-Biequnski M J, Freed R L. Creep Corrosion over Gold, Palladium, and Tin-lead Electroplate[C]. 15th Annual Connectors and Interconnection Technology Symposium Proceedings, USA, 1982: 401-414.

[52] Zhao P, Pecht M. Mixed flowing gas studies of creep corrosion on plastic encapsulated microcircuit packages with noble metal pre-plated leadframes[J]. Device and Materials Reliability, IEEE Transactions on, 2005, 5(2): 268-276.

[53] Xu C, Smetana J, Franey J, et al. Creep Corrosion of PWB Final Finishes: Its Cause and Prevention[C]. IPC APEX EXPO Proceedings, Las Vegas, 2009.

[54] Lee S B, Yoo Y R, Jung J Y, et al. Electrochemical migration characteristics of eutectic SnPb solder alloy in printed circuit board[J]. Thin Solid Films, 2006, 504(1): 294-297.

[55] Zhong X, Zhang G, Qiu Y, et al. In situ study the dependence of electrochemical migration of tin on chloride[J]. Electrochemistry Communications, 2013, 27: 63-68.

[56] Ready W J, Turbini L J. The effect of flux chemistry, applied voltage, conductor spacing, and temperature on conductive anodic filament formation[J]. Journal of Electronic Materials, 2002, 31(11): 1208-1224.

[57] Gabrielli C, Beitone L, Mace C, et al. Electrochemistry on microcircuits. II: Copper dendrites in oxalic acid[J]. Microelectronic Engineering, 2008, 85(8): 1686-1698.

[58] Devos O, Gabrielli C, Beitone L, et al. Growth of electrolytic copper dendrites. I: Current transients and optical observation[J]. Journal of Electroanalytical Chemistry, 2007, 606(2): 75-84.

[59] Devos O, Gabrielli C, Beitone L, et al. Growth of electrolytic copper dendrites. II: Oxalic acid medium[J]. Journal of Electroanalytical Chemistry, 2007, 606(2): 85-94.

[60] Devos O, Gabrielli C, Beitone L, et al. Growth of electrolytic copper dendrites. III: Influence of the presence of copper sulphate[J]. Journal of Electroanalytical Chemistry, 2007, 606(2): 95-102.

[61] Lu L N, Huang H Z, Su X X, et al. Investigation on PCB related failures in high-density electronic assemblies[C]. Electronic Packaging Technology & High Density Packaging, 2009. ICEPT-HDP' 09, International Conference on. IEEE, 2009: 128-132.

[62] 张敏, 卓向东, 林昌健. 铜电路板缝腐蚀过程缝隙中pH、Cl⁻浓度分布的测量[J]. 电化学, 2008, 14(1): 14-17.

[63] 钟庆东. 采用丝束电极研究金属的缝隙腐蚀[J]. 中国腐蚀与防护学报, 1999, 19 (3): 189-192.

[64] Jellesen M S, Minzari D, Rathinavelu U, et al. Corrosion failure due to flux residues in an electronic add-on device[J]. Engineering Failure Analysis, 2010, 17: 1263-1272.

[65] 周怡琳, 章继高. 常用触点材料表面腐蚀物微动电特性研究[J]. 电子元件与材料, 2002, 21(4): 9-11, 17.

[66] EL-Mahdy G A. Atmospheric corrosion of copper under wet/dry cyclic conditions[J]. Corrosion Science, 2005, 47: 1370-1383.

[67] Gabrielli C, Beitone L, Mace C, et al. Electrochemistry on microcircuits. I: Copper microelectrodes in oxalic acid media[J]. Microelectronic Engineering, 2008, 85: 1677-1685.

[68] Jiri P, Martin C, Jan U, et al. Evaluation of Tin Whisker Growth[C]. IEEE 33rd Int Spring Seminar on Electronics Technology, 2010: 179-182.

[69] Itoh J, Sasaki T, Ohtsuka T. The influence of oxide layers on initial corrosion behavior of copper in air containing water vapor and sulfur dioxide[J]. Corrosion Science, 2000, 42: 1539-1551.

第 *2* 章
电子材料大气腐蚀失效机制分析

电子设备中的Ni、Cu、Al等经常发生均匀腐蚀，腐蚀速率的大小取决于电子元件和设备所处的环境，其中，湿度对腐蚀速率大小的影响是最显著的[1,2]。在潮湿环境中，不同电极电位的金属或合金接触时还容易发生电偶腐蚀：当活性金属表面涂覆或溅射的惰性保护层有小孔或缺陷时，腐蚀性介质将接触活性金属基体而促发腐蚀。在这方面，Sun等[3]通过对铜基电接触材料表面镀金层在H_2S气氛中腐蚀的研究发现，腐蚀发生点的密度与暴露时间成函数关系，但是镀金层表面单个孔洞处腐蚀产物的面积与暴露时间没有函数关系。对于金属腐蚀产物，浓度梯度等驱动力的作用往往造成离子迁移，从而导致爬行腐蚀的发生。Zhao等[4]研究了翼型引脚器件上的爬行腐蚀行为，并对腐蚀机理进行了初步探讨。与晶须类似，爬行腐蚀也是一个传质的过程，但二者发生的环境、生成的产物以及导致的失效模式并不完全相同。爬行腐蚀在一定湿度范围内不需要电压驱动即可发生，腐蚀产物为金属的氧化物或硫化物，没有固定迁移方向，通常造成电路的短路或者断路；而晶须生长则需要在电压驱动下产生并且是金属单质的定向生长，电路失效模式为短路。对于在电位作用下的电子材料腐蚀，Lee等[5]分析了PCB上63Sn-37Pb合金焊点在85℃、85%RH和70～100 V直流电压条件下的电化学迁移特征，研究表明阳极附近产生的丝状物（CAF）是导致电路失效的主要原因。

本章分别对计算机主板、裸铜和化学浸银处理PCB样品进行湿H_2S气体腐蚀暴露试验，通过ESEM表征微观腐蚀形貌，利用EDS能谱和Raman光谱分析腐蚀产物成分和物相；同时研究H_2S作用下计算机主板的电化学迁移（ECM）晶须生长和腐蚀失效机理。

2.1 试验方法

2.1.1 试验材料及样品制备

选用某品牌计算机主板和内存条作为高浓度H_2S试验材料。紫铜/锡铅焊点偶接件基材采用厚度为 4 mm 紫铜板（Cu ≥ 99.99%），偶接件尺寸为 10 mm×10 mm，在紫铜基材中心钻 $\phi 2$ mm 的小孔，用 10% H_2SO_4 水溶液浸泡、刷洗除锈，再将试样用丙酮清洗除油后，用熔融锡铅焊料（63% Sn，37% Pb）填充小孔。将制备的紫铜/锡铅焊点偶接件分别采用 150#、600# 和 1500# 砂纸将锡铅焊点磨平，再用水砂纸打磨至 2000#，用丙酮超声清洗 30 min，去离子水超声清洗 15 min，晾干后备用。

2.1.2　高浓度 H_2S 气体试验装置

参考标准 GB/T 9789—2008《金属和其他无机覆盖层 通常凝露条件下的二氧化硫腐蚀试验》要求，制作高浓度 H_2S 气体试验用装置，如图 2.1 所示：上部为有机玻璃板，下部为不锈钢板。为防止冷凝水掉落到试样表面，上盖与水平方向成 15° 角。下部不锈钢槽内装 30 mm 深去离子水，以维持整个密闭空间的湿度，整个装置采用水浴加热。

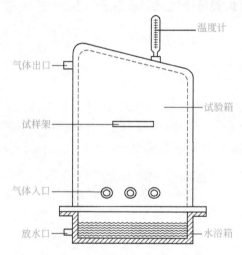

温度计

气体出口

试验箱

试样架

气体入口

放水口

水浴箱

图2.1　高浓度 H_2S 气体腐蚀试验装置示意图

向试验装置中一次性通入 H_2S 气体，通过流量阀可控制气体浓度为 ≥ 1×10⁻⁶。对不锈钢水槽恒温水浴加热，根据温度计示数控制装置内气体温度 (40 ± 1)℃，每 24 h 更换一次试验箱内的水和 H_2S 气体，试验周期为 2 天。

2.1.3　中性盐雾试验方法

中性盐雾试验规范根据标准 GB/T 2423.17—2008《电工电子产品环境试验 第 2 部分：试验方法 试验 Ka：盐雾》确定。盐雾试验使用美国 Atlas 公司的 CCX2000 型循环腐蚀盐雾箱，基本试验条件为：(5 ± 0.5)% 中性 NaCl 溶液连续盐雾，箱体温度为（35±1）℃，偶接件受试面与垂直方向成 30° 角。试验取样周期分别为 16 h、24 h、48 h 和 96 h。试验结束用流动水轻轻洗去偶接件表面盐沉积物，再在去离子水中漂洗。

2.1.4　扫描Kelvin探针技术

　　紫铜/锡铅焊点偶接件经过不同周期的中性盐雾加速试验后，使用扫描Kelvin探针技术测试铜与锡铅焊点的表面伏打电位的变化，并根据伏打电位分布的变化分析电偶腐蚀发展规律。扫描Kelvin探针测试使用Ametec公司的PAR M370电化学扫描工作站，测试前采用Cu/CuSO$_4$电极对扫描Kelvin探针测试系统进行校正。测试在室温下空气中进行，采用面扫描Step Scan模式，探针振动振幅30 μm，探针距试样表面平均距离控制在100 μm左右。扫描范围：4000 μm×4000 μm，步长50 μm。

2.2　湿H$_2$S环境中PCB焊点腐蚀的电化学迁移行为

2.2.1　PCB焊点的腐蚀形貌

　　电路板原始试样宏观照片如图2.2（a）所示，金属露点表面带有金属光泽，埋盲孔处焊料与焊盘界限清晰，经过48 h湿H$_2$S气体试验后发生严重腐蚀，如图2.2（b）、图2.2（c）所示，金属露点处金属光泽变暗，埋盲孔表面及周围存在大量腐蚀产物。

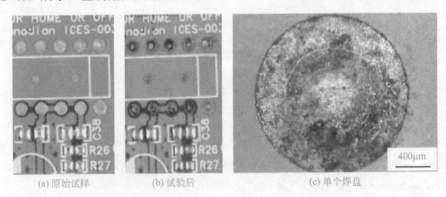

(a) 原始试样　　　　　　(b) 试验后　　　　　　　　(c) 单个焊盘

图2.2　电路板1×10^{-6}湿H$_2$S气体试验样品宏观形貌

2.2.2　PCB焊点腐蚀产物分析

　　金属露点处ESEM观察结果如图2.3（a）所示，整个露点表面覆盖一薄层腐蚀产物，边缘区域发生了龟裂脱落。利用背散射电子像对选区进行观察，如图2.3（b）所示，发现在金属露点表面发生了选择性腐蚀，B处暗色区的相都富集到了A区域，在B区域留下了大量微孔,亮色区的相没有发生明显变化。A、B和C区域的EDS能谱结果如表2.1所示,金属露点表面含有C、O、S、Sn和Pb元素,证明此处为锡铅焊点,A、B和C三个区域O含量比值约为5∶2∶1,A区域O含量最高;三个区域Sn/Pb值的比约为11∶1.2∶2,A区域Sn含量很高;由此可以推测A区域富集了大量锡的氧化物或氢氧化物,还可能含有少量的含硫氧化产物。

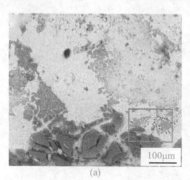 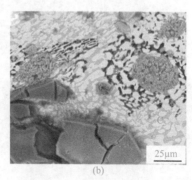

图2.3 在1×10^{-6}湿H_2S中48 h后焊点处发生ESEM的微观形貌

表2.1 1×10^{-6}湿H_2S气体试验锡铅焊点表面腐蚀产物EDS分析结果/%

元素	C	O	S	Sn	Pb
A	17.52	26.22	7.76	44.33	4.17
B	36.08	10.84	6.79	25.75	20.54
C	24.31	6.14	7.53	41.09	20.93

锡铅焊点的EDS成分面分布结果如图2.4所示。从图2.4(b)、图2.4(c)和图2.4(e)可以看出,S元素与Pb元素的面分布相吻合,而在Sn分布的地方基本没有S元素的存在,说明在本试验环境中,S优先与Pb发生反应。根据文献[6]报道,PbS的溶度积为8.0×10^{-28},SnS的溶度积为1×10^{-25},两者相差3个数量级,PbS更稳定,所以S更容易与Pb发生反应。从图2.4(c)~(e)可以看出,O元素在整个视场范围内均有分布,但是在腐蚀产物富集区含量更高(绿色高亮);在腐蚀产物富集区内有Sn的分布,没有Pb的分布,说明该区域内的产物为SnO_x或$Sn(OH)_x$。对视场范围内的EDS结果进行成分相分布拟合,取相似度59%(Edax公司推荐标准),结果如图2.4(f)所示,绿色成分相为$Sn_x \cdot O_y \cdot H_z$和PbS,红色成分相为PbS。对图2.3(b)的选区进行Raman光谱测试,结果如图2.5所示。在富集区A检测到的峰值位置为132 cm^{-1}、188 cm^{-1}、211 cm^{-1}、244 cm^{-1}、334 cm^{-1}、424~434 cm^{-1}、496~520 cm^{-1}、601 cm^{-1}、634 cm^{-1}、689 cm^{-1}、710 cm^{-1}和785 cm^{-1},其中132 cm^{-1}和211 cm^{-1}为SnO的特征峰[7],244 cm^{-1}、496~520 cm^{-1}、634 cm^{-1}、689 cm^{-1}、710 cm^{-1}和785 cm^{-1}为SnO_2的特征峰[8-13],188 cm^{-1}、334 cm^{-1}、424~434 cm^{-1}和601 cm^{-1}为PbS的特征峰。在亮色区B检测到的峰值为188 cm^{-1}、334 cm^{-1}、424~434 cm^{-1}和

601 cm^{-1}，为PbS的特征峰[14-17]。所以在A区的物相主要为SnO、SnO$_2$和PbS；在B区的物相主要为PbS。

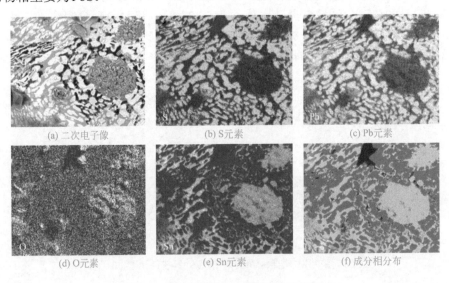

| (a) 二次电子像 | (b) S元素 | (c) Pb元素 |
| (d) O元素 | (e) Sn元素 | (f) 成分相分布 |

图2.4 锡铅焊点的EDS成分面分布结果

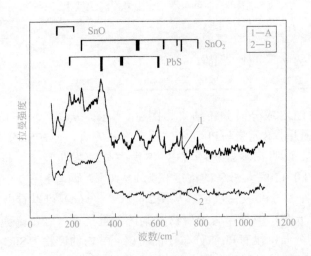

图2.5 在1×10^{-6}湿H$_2$S中48 h后焊点处Raman光谱测试结果

2.2.3 PCB焊点腐蚀的电化学迁移机理

在腐蚀性介质环境中的两种金属偶接时，电极电位较低的金属作为阳极优先发生腐蚀，电极电位较高的金属作为阴极受到保护。表2.2[18]列出了典型金属的标准电极电位，从表中可以看出Sn与Pb的标准电极电位$E^\ominus$之间很相近，所以根据表2.2中数据无法预测在湿H$_2$S气氛下锡铅合金焊点腐蚀的优先相。从图2.3（b）的试验结果可知，原子序数较小的暗色富 Sn 相优先腐蚀并发生了产物迁移。在微量湿 H_2S 环境下，H_2S 很快与 Pb 反应消耗殆尽，大量的水汽和 O_2 与焊点反应成为控制过程。根据文献[6]知道，$Sn(OH)_2$ 的溶度积为 1.4×10^{-28}，$Pb(OH)_2$ 的溶度积为 1.2×10^{-15}，两者相差 13 个数量级，因而 $Sn(OH)_2$ 更稳定，所以环境中的水汽和 O_2 更易与 Sn 反应，生成 $Sn(OH)_2$。说明在 40℃微量湿 H_2S 环境下，Sn 比 Pb 具有更低的电极电位。

表2.2　典型金属的标准电极电位[18]

电极反应	$E^\ominus/V$	电极反应	$E^\ominus/V$
$Au^+ + e^- \Longrightarrow Au$	1.68	$Au^{3+} + 3e^- \Longrightarrow Au$	0.15
$Ag^+ + e^- \Longrightarrow Ag$	0.80	$Pb^{2+} + 2e^- \Longrightarrow Pb$	−0.13
$Cu^+ + e^- \Longrightarrow Cu$	0.52	$Sn^{2+} + 2e^- \Longrightarrow Sn$	−0.14
$Cu^{2+} + 2e^- \Longrightarrow Cu$	0.34	$Ni^{2+} + 2e^- \Longrightarrow Ni$	−0.25

在试验装置中，底部的水被加热至 40 ℃以上，此时整个密闭空间的相对湿度接近饱和，在锡铅焊点表面形成了微液滴，根据经典盐水滴试验的论述[19]，可以推断锡铅焊点的电化学反应模型，如图2.6所示：空气中的 O_2 溶解于微液滴形成中性溶液，与金属电极构成了腐蚀微电池，电极电位较低的 Sn 作为阳极优先被氧化，腐蚀反应随着微液滴的长大向液滴周围扩展，周围的 Sn 被氧化成 Sn^{2+} 或 Sn^{4+} 向液滴中心迁移，最终形成难溶的氧化产物堆积在焊点表面。整个过程中涉及的反应：

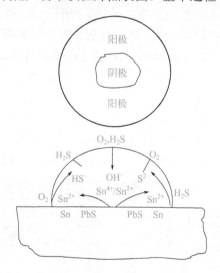

图2.6　在 1×10^{-6} 湿 H_2S 中锡铅焊点处电化学反应模型图

在试验初期，阴极区域发生氧去极化反应：

$$O_2 + 2H_2O + 4e^- \longrightarrow 4OH^- \tag{2.1}$$

锡铅焊点阳极区富 Sn 相发生以下反应[20]：

$$Sn + 2OH^- - 2e^- \longrightarrow Sn(OH)_2 \tag{2.2}$$

$$Sn + 2OH^- - 2e^- \longrightarrow SnO + H_2O \tag{2.3}$$

$$Sn(OH)_2 + 2OH^- - 2e^- \longrightarrow Sn(OH)_4 \tag{2.4}$$

$$SnO + H_2O + 2OH^- - 2e^- \longrightarrow Sn(OH)_4 \tag{2.5}$$

当表面微液滴消失后，$Sn(OH)_2$ 和 $Sn(OH)_4$ 发生脱水反应：

$$Sn(OH)_2 \longrightarrow SnO + H_2O \tag{2.6}$$

$$Sn(OH)_4 \longrightarrow SnO_2 + 2H_2O \tag{2.7}$$

2.3 湿H₂S环境中PCB通孔处的晶须生长行为 ◁◁◁

2.3.1 PCB通孔处的腐蚀行为

经过48 h的 $1×10^{-6}$ 湿 H_2S 气体腐蚀试验后，在PCB的通孔处发生了严重的腐蚀，在通孔的内壁上长出大量的晶须，如图2.7所示，这些晶须的生长很有可能会造成PCB的短路。为了对晶须的成分进行分析，对晶须的不同区域进行EDS能谱测试。为了保证EDS测试中的X射线照射到通孔内部的晶须表面，将样品台倾斜45°角，保证X射线垂直照射在样品表面，测试结果如图2.8所示。晶须的暗色相和明色相的成分分别为Sn和Pb，证明晶须是Sn和Pb组成的二元合金。经过48 h湿 H_2S 试验后，通孔内最长晶须约为20 μm，晶须平均生长速度约为1.2 Å/s。Liu 等 [21,22] 曾对掺杂了Nd的Sn-Pb晶须生长行为进行跟踪研究，发现晶须生长速度约为3.3 Å/s，可见两者的晶须生长速度相近，而这样的生长速度对PCB的使用安全构成严重威胁。

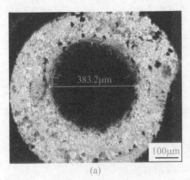

(a)   (b)

图2.7 在 $1×10^{-6}$ 湿 H_2S 中PCB通孔处晶须生长微观形貌图

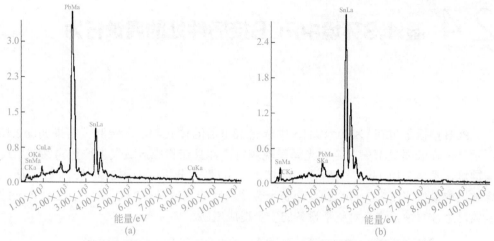

图2.8　在1×10⁻⁶湿H₂S中PCB通孔处晶须的EDS能谱

2.3.2　PCB通孔处晶须生长机制

人们通常认为Sn系焊料的晶须生长是再结晶过程，生长的驱动力为压应力。压力来源主要包括机械冲击、热循环、形成金属间化合物、氧化和腐蚀过程。此前已有关于腐蚀过程引起晶须生长的报道，但晶须生长和腐蚀的相关性目前仍不清楚。在以前的报告中，争论的焦点集中在晶须形核和萌生机制方面。然而，理论上认为，在腐蚀性大气环境中，氧化和腐蚀过程中伴随的电化学迁移是一个重大的压应力源，它可以驱动晶须的形成和生长。

在湿H₂S气氛中由氧化或腐蚀产物扩展导致的晶须形成的模型图如图2.9所示。可能的机制如下：当暴露在湿H₂S气体中，合金表面的Sn和Pb形成腐蚀电偶对，由于Sn比Pb的电极电势更负，所以电势差的存在加速腐蚀过程[23]。随着腐蚀的进行，离子迁移和腐蚀产物体积膨胀将使内部Sn-Pb合金产生压应力，并最终导致内层金属被挤压到金属外侧形成晶须以释放压应力。

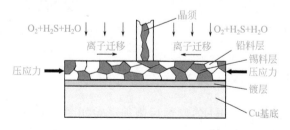

图2.9　在1×10⁻⁶湿H₂S中通孔处晶须生长模型

2.4 湿H₂S环境中PCB接插件处的腐蚀行为

2.4.1 PCB接插件处的腐蚀形貌

　　PCB接插部位在1×10^{-6}湿H_2S中暴露48 h后的体式学显微镜测试结果如图2.10所示，试样表面局部失去金属光泽呈现灰色，并且在相应区域发生严重腐蚀，出现腐蚀坑，见图2.10（b）。对所选择区域进行3D形貌分析，如图2.10（c）、（d）所示腐蚀坑的最大深度为7.434 μm，而整个金属基底的厚度只有25.0 μm，近三分之一的金属已经被腐蚀，这将对整个设备的安全造成威胁。

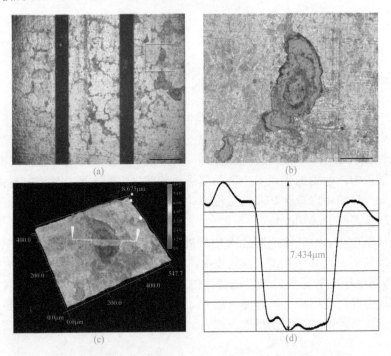

图2.10　PCB接插部位在1×10^{-6}湿 H_2S中暴露48 h后的体式学显微镜测试结果

2.4.2 PCB接插件处腐蚀产物分析

　　PCB接插件部位试样经湿H_2S腐蚀后微观形貌如图2.11所示。从图2.11（a）可以看出，整个露点表面比较平整，大部分表面没有发生明显腐蚀；图2.11（b）所示区域为金属露点表面有小孔隙和腐蚀产物覆盖区；图2.11（c）所示区域为金属露点表面覆盖大量腐蚀产物，并且部分区域的腐蚀产物发生脱落。图2.11中A、B和C区域的 EDS 能谱结果如表 2.3 所示，A 区域只有 Ni 和 Au 两种元素存在，说明此处为 Cu 箔表面经镀镍金处理：Cu 箔作为基材，中间 Ni 层为过渡层，表面镀 Au 为防氧化层。B 区域含有 O、S、Ni 和 Cu，这四种元素为腐蚀产物的元素。由此可知，基底 Cu 箔和过渡层发生了腐蚀。结合图 2.11（c）和 C 区域的能谱结果可知，C 处的腐蚀产物膜发生脱落，暴露出 Cu 箔基底。

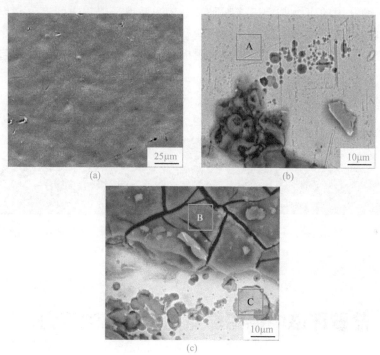

图2.11　PCB接插部位在1×10^{-6}湿 H_2S 中暴露试验后微观腐蚀形貌

表2.3　经1×10^{-6}湿H_2S气体试验后表面腐蚀产物的EDS分析结果/%

元素	O	S	Ni	Cu	Au
A	—	—	94.56	—	5.44
B	34.74	2.17	55.46	7.63	—
C	24.21	—	58.28	10.03	7.47

2.4.3　PCB接插件处的腐蚀机理

根据 ESEM 照片和 EDS 能谱的分析结果，可以得出 PCB 接插件部位试样在湿 H_2S 气氛中的腐蚀过程：PCB 接插件部位的镀金层厚度往往只有几百纳米，而镀金层只有超过 5 μm 才能保证没有针孔，所以在样品表面镀金层存在微孔。由于样品表面的相对湿度接近 100%，在镀金层上形成了一层薄液膜或微液滴，H_2S 和 O_2 溶解于其中形成了电解液，如图2.12（a）所示。随着试验进行，如图2.12（b）所示，电解液由微孔的毛细孔作用进入微孔底部，并和较低电极电位（参见表2.2）的Ni和Cu接触，在微孔中就发生电化学腐蚀，产生腐蚀物。由于腐蚀产物（主要为氧化物、氢氧化物和碱式硫酸物等）的体积远大于失去金属的体积，所以腐蚀物就沿着微孔蔓延至镀金表面，如图2.12（c）所示。同时，随着腐蚀的发生，微孔周围的Ni也发生腐蚀破坏，微孔中的腐蚀产物迅速膨胀，导致微孔周围镍和镍的氧化产物龟裂。当薄液膜被蒸发时，腐蚀产物脱落，铜箔就暴露在环境中，当再次有水汽存在时，铜箔作为阳极，与周围的镍金镀层构成大阴极小阳极的腐蚀电池，进而引起更严重的腐蚀。

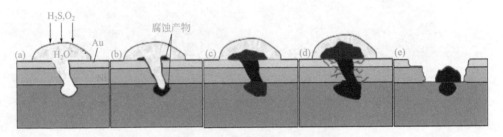

图2.12　在 1×10^{-6} 湿 H_2S 中PCB接插件处的腐蚀机理模型

2.5 盐雾环境中锡铅焊点的电偶腐蚀行为

　　紫铜/锡铅焊点偶接件基材采用厚度为 4 mm 紫铜板（Cu≥99.99%），偶接件尺寸为 10 mm×10 mm，在紫铜基材中心钻 ϕ2mm 的小孔，用熔融锡铅焊料（63% Sn，37% Pb）填充小孔。

2.5.1　铜/锡铅焊点的腐蚀形貌

　　图2.13为模拟紫铜/锡铅焊点偶接件经过不同时间的盐雾试验后表面宏观形貌，其中图2.13（a）所示在盐雾试验初期（16 h），锡铅焊点表面形成较薄的灰白色腐蚀产物，图2.13（b）所示24 h后锡铅焊点表面的腐蚀产物逐渐增多增厚，表面完全为灰白色腐蚀产物所覆盖。随着盐雾试验时间的延长，在锡铅焊点的表面不断堆积灰白色腐蚀产物，图2.13（c）和（d）所示灰白色腐蚀产物流向铜基体。

　　如图2.14所示，通过对紫铜/锡铅焊点偶接件 16 h、24 h、48 h 和 96 h 盐雾试验后腐蚀产物的SEM观测，盐雾试验起始阶段（16 h），图2.14（a）所示锡铅焊点表面分布着细小粒状和片层状的腐蚀产物，盐雾试验24 h后，图2.14（b）所示锡铅焊点表面被疏松多孔的片层状的腐蚀产物所覆盖。随着盐雾试验时间的延长，如

图 2.14（c）所示（48 h），锡铅焊点表面的腐蚀产物积聚成较大的颗粒，颗粒间存在着明显的孔洞。图 2.14（d）所示 96 h，更多的腐蚀产物积聚在一起，形成较为致密的腐蚀产物层。

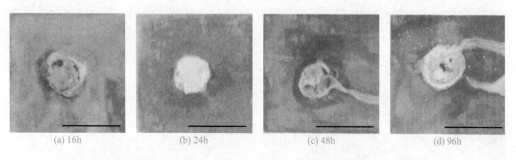

(a) 16h　　　　(b) 24h　　　　(c) 48h　　　　(d) 96h

图2.13　不同盐雾试验时间紫铜/锡铅焊点偶接件表面宏观形貌

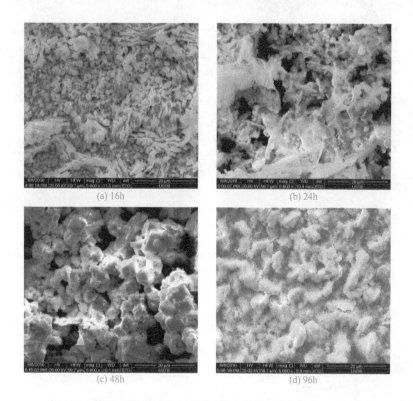

(a) 16h　　　　　　　(b) 24h

(c) 48h　　　　　　　(d) 96h

图2.14　紫铜/锡铅焊点偶接件盐雾试验后腐蚀产物的SEM形貌

对锡铅焊点经过不同盐雾试验时间的腐蚀产物进行 SEM/EDS 分析，如图 2.15 所示。A 点 EDS 结果表明（表 2.4）盐雾试验初始阶段（16 h）形成的片层状腐蚀产物主要由 Sn、Pb 和 O 元素所组成，其中 Pb：O（原子百分比）=57.98：38.40，腐蚀产物主要组成为铅的氧化物。盐雾试验 24 h 后［图 2.15（b）中 B 点］，腐蚀产物主要由

Pb、Cl和O元素所组成，其中各元素原子百分比Pb：O：Cl=58.88：17.40：23.71，腐蚀产物主要组成为铅的氧化物和氯化物。盐雾试验48 h后（C点），颗粒状腐蚀产物主要由Sn、Pb、Cl和O元素所组成，其中各元素原子百分比Pb：Sn：O：Cl=17.38：21.63：20.85：40.14，腐蚀产物中Sn和Cl元素明显增加，表明随着盐雾试验

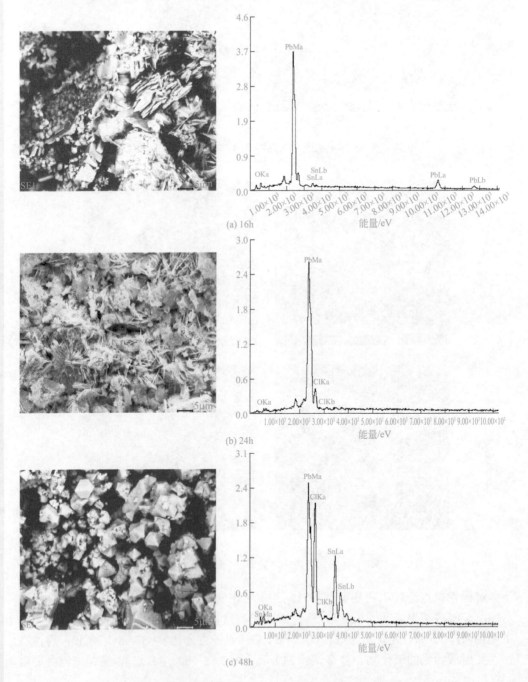

(a) 16h

(b) 24h

(c) 48h

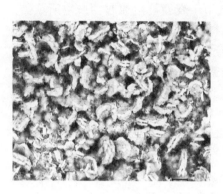
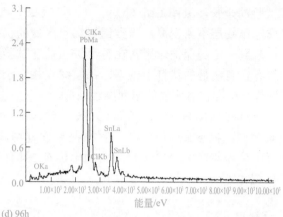

(d) 96h

图2.15　锡铅焊点样盐雾试验的腐蚀产物的SEM/EDS分析

时间的延长，腐蚀产物中铅的氧化物含量逐渐降低，而铅的氯化物和锡的氯化物增加。D点EDS分析表明，颗粒状腐蚀产物主要由Sn、Pb、Cl和O元素所组成，其中各元素原子百分比Pb：Sn：O：Cl=19.01：17.17：12.68：51.14，腐蚀产物中Cl元素含量进一步增加，而O元素含量减少，表明长时间盐雾试验后锡铅焊点的腐蚀产物主要由铅的氯化物和锡的氯化物组成，还有少量的铅的氧化物。

表2.4　盐雾试验锡铅焊点表面腐蚀产物的EDS分析结果

项目	OK	ClK	SnL	PbM
16h（A）	38.40	—	3.62	57.98
24h（B）	17.40	23.71	—	58.88
48h（C）	20.85	40.14	21.63	17.38
96h（D）	12.68	51.14	17.17	19.01

2.5.2　铜/锡铅焊点的微区电化学规律

由图2.16不同盐雾试验阶段的表面SKP电位分布图看到，盐雾试验前偶接件锡铅焊料的伏打电位明显低于紫铜基体的伏打电位。在盐雾试验的过程中，随着试验时间的增加，偶接件表面的伏打电位总体呈现上升趋势，说明无论是锡铅合金还是铜基体，随着表面覆盖的腐蚀产物增加，均导致偶接件表面伏打电位升高。在整个96 h盐雾试验的各个阶段，SKP伏打电位分布图均明显表现出锡铅焊点区域的伏打电位要低于周围紫铜基体伏打电位，表明在盐雾试验进程中锡铅焊点与紫铜基体存在伏打电位差，存在着电偶腐蚀倾向。图2.16（a）中原始偶接件的SKP伏打电位分布图显示，锡铅焊点相对于紫铜基体的伏打电位更负，腐蚀热力学倾向更大。

图2.16（b）中所示盐雾试验16 h，锡铅焊点与紫铜基体存在着明显的伏打电位差，锡铅焊点区域率先发生腐蚀破坏，且相对于紫铜基体的腐蚀更为严重。随着盐

电子材料大气腐蚀行为与机理

雾试验的延长，见图2.16（c）～（e），锡铅焊点由于表面被生成腐蚀产物所覆盖，且腐蚀产物层不断变厚，导致锡铅焊点区域的伏打电位不断正移，表明腐蚀产物对焊点起到一定的保护作用。在整个96 h盐雾试验过程中，锡铅焊点与紫铜基体之间始终存在着明显的伏打电位差，锡铅焊点相对于紫铜基体的伏打电位要负，这表明锡铅焊点仍存在着明显的电偶腐蚀效应。

通过扫描Kelvin探针（SKP）技术对紫铜/锡铅焊料偶接件进行表面伏打电位分布测试，根据Kelvin振动电容法测量探针与腐蚀金属电极表面上薄液膜之间的伏打电位差与腐蚀金属电极的腐蚀电位 E_{corr} 具有的线性关系，确定电偶腐蚀电位的变化规律。结果表明［如图2.16（a）所示］，在紫铜或锡铅焊点表面各自区域内，

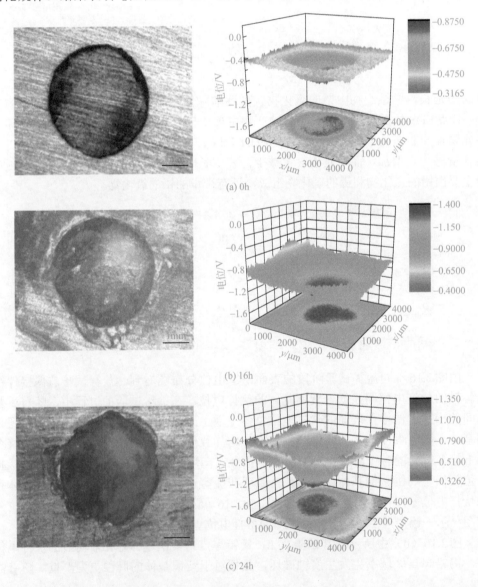

(a) 0h

(b) 16h

(c) 24h

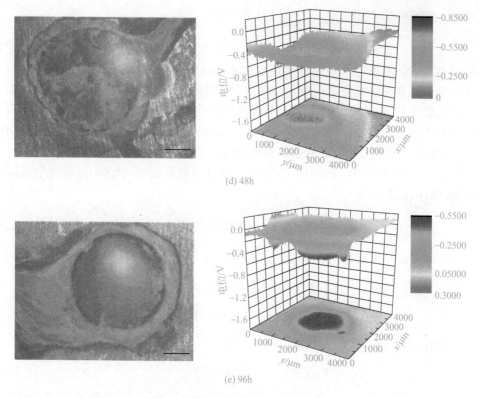

图2.16　紫铜/锡铅焊点在盐雾试验不同时间的表面SKP电位分布图

伏打电位基本上相等，原始偶接件中锡铅焊点的平均伏打电位约为-0.78 V，而紫铜基体的平均伏打电位约为-0.50 V。紫铜基体与锡铅焊点的平均伏打电位差约为-0.28 V。而典型金属及合金在3%～6%（质量分数）NaCl溶液中的腐蚀电位的测试结果（表2.5）表明[24]，铜的腐蚀电位为-0.22 V，而锡的腐蚀电位为-0.50 V，而铅的腐蚀电位为-0.55 V，铜与锡（或铅）的腐蚀电位差为-0.28～0.33 V。因此，可以通过扫描Kelvin探针所测试的伏打电位差反映出紫铜基体与锡铅焊点偶接件的电偶腐蚀电位差。

表2.5　典型金属及合金在3%～6%（质量分数）NaCl溶液中的腐蚀电位

金属	腐蚀电位/V	金属	腐蚀电位/V
Mg	-1.73	Sn	-0.50
镁合金	-1.67	不锈钢活化态	-0.43
Zn	-1.05	黄铜(含Zn40%)	-0.33
Al (99.99%)	-0.85	Cu	-0.22
Al (12%Si)	-0.83	Ni	-0.14
低碳钢	-0.78	不锈钢钝化态	-0.13
铸铁	-0.73	Ag	-0.05
Pb	-0.55	Au	0.18

2.5.3 铜/锡铅焊料电偶腐蚀机理

通过SKP测试表明锡铅焊点伏打电位相对于紫铜基体更负，在盐雾试验过程中锡铅焊点与紫铜基体存在明显的伏打电位差，锡铅焊点作为阳极而发生腐蚀，而具有较高电位的紫铜区域发生阴极反应。在薄的中性电解液膜情况下，金属表面的水膜越薄，氧去极化的作用越显著。阴极区域发生氧去极化反应 [式（2.1）所示]。锡铅焊点阳极区域富Sn相可能发生反应[25,26]如式（2.2）～式（2.5）所示。$Sn(OH)_2$ 和 $Sn(OH)_4$ 发生脱水反应生成SnO和SnO_2腐蚀产物如式（2.6）和式（2.7）所示。

在盐雾试验条件下，由于Cl^-的影响，同时可能通过式（2.8）反应而生成腐蚀产物$Sn_3O(OH)_2Cl_2$。

$$3Sn + 4OH^- + 2Cl^- - 6e^- \longrightarrow Sn_3O(OH)_2Cl_2 + H_2O \tag{2.8}$$

锡铅焊点阳极区域富Pb相可能发生反应[27]：

$$Pb - 2e^- \longrightarrow Pb^{2+} \tag{2.9}$$

$$Pb^{2+} + 2OH^- \longrightarrow Pb(OH)_2 \tag{2.10}$$

$Pb(OH)_2$发生脱水反应生成PbO腐蚀产物。

$$Pb(OH)_2 \longrightarrow PbO + H_2O \tag{2.11}$$

在盐雾试验条件下，由于Cl^-具有很强的侵蚀性，不仅起到导电介质的作用，而且会破坏$Pb(OH)_2$的保护作用，通过下述反应会生成$PbCl_2$。

$$Pb(OH)_2 + Cl^- \longrightarrow PbClOH + OH^- \tag{2.12}$$

$$PbClOH + Cl^- \longrightarrow PbCl_2 + OH^- \tag{2.13}$$

如图2.17所示，在中性盐雾试验的初期阶段（24 h），阴极反应 [式（2.1）] 产生的OH^-将影响锡铅焊点区域的表面，初期生成的$Pb(OH)_2$、$Sn(OH)_2$、$Sn(OH)_4$等腐蚀产物，在Cl^-破坏作用下将加速锡铅焊点区域的阳极反应过程，发生快速的腐蚀。而作为阴极的紫铜基体上靠近锡铅焊点的区域得到保护未发生显著腐蚀。而远离锡铅焊点的紫铜基体区域，由于电偶电流作用距离的限制，电偶效应相对较低，因此该区域的紫铜表面发生明显的腐蚀 [图2.13（a）和图2.13（b）所示，铜绿出现在基体表面]。经过48 h盐雾试验后，由于锡铅焊点区域的腐蚀产物的不断增加，导致锡铅焊点区域的伏打电位显著提高到–0.66 V左右，紫铜基体表面同样由于腐蚀产物的生成而导致伏打电位正移至–0.40 V左右，伏打电位差显著减小，表明电偶腐蚀效应降低。随着盐雾试验时间的延长，紫铜基体腐蚀快速发展，表面被腐蚀产物所覆盖，导致伏打电位正移在–0.10 V左右，不断增厚的腐蚀产物层可以起到一定的保护作用。

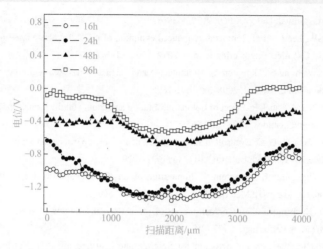

图2.17　紫铜/锡铅焊点在中性盐雾试验不同阶段SKP伏打电位变化规律

参考文献

[1] Zhao P, Pecht M. Field failure due to creep corrosion on components with palladium pre-plated leadframes[J]. Microelectronics Reliability, 2003, 43: 775-783.

[2] Zhang S, Osterman M. The influence of H_2S exposure on immersion-silver-finished PCBs under mixed-flow gas testing[J]. IEEE Transactions on device and materials reliability, 2010, 10 (1): 71-81.

[3] Sun A C, Moffat H K, Enos D G, et al. Pore corrosion model for gold-plated copper contacts[J]. Components and Packaging Technologies, 2007, 30 (4): 796-804.

[4] Zhao P, Pecht M G, Kang S, et al. Assessment of Ni/Pd/Au–Pd and Ni/Pd/Au-Ag Preplated leadframe packages subject to electrochemical migration and mixed flowing gas tests[J]. Components and Packaging Technologies, 2006, 29 (4): 818-826.

[5] Lee S B, Yoo Y R, Jung J Y, et al. Electrochemical migration characteristics of eutectic SnPb solder alloy in printed circuit board[J]. Thin Solid Films, 2006, 504: 294-297.

[6] Uhler A D, Helz G R. Solubility product of galena at 298° K: A possible explanation for apparent supersaturation in nature [J]. Geochimica et Cosmochimica Acta, 1984, 48 (6): 1155-1160.

[7] Wang X, Zhang F X, Loa I, et al. Structural properties, infrared reflectivity, and Raman modes of SnO at high pressure [J]. Physica Status Solidi B-Basic Research, 2004, 241: 3168-3178.

[8] Shek C H, Lin G M, Lai J K L. Effect of oxygen deficiency on the raman spectra and hyperfine interactions of nanometer SnO_2 [J]. Nano structured Materials, 1999, 11: 831-835.

[9] Xie J, Imanishi N, Hirano A, et al. Li-ion diffusion behavior in Sn, SnO and SnO_2 thin films studied by galvanostatic intermittent titration technique[J]. Solid State Ionics, 2010, 181: 1611-1615.

[10] Kaur J, Shah J, Kotnala R K, et al. Raman spectra, photoluminescence and ferromagnetism of pure, Co and Fe doped SnO_2 nanoparticles [J]. Ceramics International, 2012, 38: 5563-5570.

[11] Pagnier T, Boulova M, Galerie A, et al. Reactivity of SnO_2-CuO nanocrystalline materials with H_2S: a coupled electrical and Raman spectroscopic study[J]. Sensors. Actuators B-Chemical, 2000, 71: 134-139.

[12] Leonardy A, Hung W Z, Tsai D S, et al. Structural features of SnO_2 nanowires and Raman spectroscopy

analysis[J]. Crystal Growth Design, 2009, 9: 3958-3963.

[13] Kim S S, Choi SW, Lee C, et al. Temperature-induced evolution of novel mixture-phased particles at the tips of SnO_2 whiskers [J]. Chemical Engineering Journal, 2012, 179: 381-387.

[14] Thongtem T, Kaowphong S, Thongtem S. Biomolecule and surfactant-assisted hydrothermal synthesis of PbS crystals [J]. Ceramics International, 2008, 34: 1691-1695.

[15] Sherwin R, Clark R J H, Lauck R. Effect of isotope substitution and doping on the Raman spectrum of galena (PbS) [J]. Solid State Communications, 2005, 134: 565-570.

[16] Li G W, Li C S, Tang H, et al. Controlled self-assembly of PbS nanoparticles into macrostar-like hierarchical structures [J]. Materials Research Bulletin, 2011, 46: 1072-1079.

[17] Phuruangrat A, Thongtem T, Thongtem S. Preparation of ear-like, hexapod and dendritic PbS using cyclic microwave-assisted synthesis[J]. Materials Letters, 2009, 63: 667-669.

[18] Guttenplan J D, Hashimoto L N. Corrosion control for electrical contacts in submarine based electronic equipment[J]. Materials Performance, 1978, 18 (12): 49-55.

[19] Trethewey K P, Chamberlain J. Corrosion for Science and Engineering [M]. Beijing:World Publishing Corporation, 2000: 84-85.

[20] Beccaria AM, Mor E D, Bruno G, et al. Investigation on lead corrosion products in sea water and in neutral saline solutions [J]. Materials and corrosion, 1982, 33: 416-420.

[21] Hua L, Yang C. Corrosion behavior, whisker growth, and electrochemical migration of Sn-3.0Ag-0.5Cu solder doping with In and Zn in NaCl solution [J]. Microelectronics Reliability, 2011, 51: 2274-2283.

[22] JEDEC Solid State Technology Association, JEDEC Standard JESD22-A121A, Test method for measuring whisker growth on tin and tin alloy surface finishes. JEDEC Engineering Standards and Publications, Arlington, VA 22201-2107, 2008.

[23] Sun P, Howell J, Chopin S. A statistical study of Sn whisker population and growth during elevated temperature and humidity tests[J]. IEEE Transactions on Electronics Packaging, 2006, 29: 246-251.

[24] Stratmann M, Streckel H. On the atmospheric corrosion of metals which are covered with thin electrolyte layers-Ⅰ. Verification of the experimental technique[J]. Corrosion Science, 1990, 30 (6-7): 681-696

[25] Kapusta S D, Hackerman N, Anodic passivation of tin in slightly alkaline solutions[J]. Electrochim Acta, 1980 (25): 1625-1639.

[26] Beccaria A M, Mor E D, Bruno G, Poggi G. Investigation on lead corrosion products in sea water and in neutral saline solutions[J]. Mater Corr, 1982 (33): 416-420.

[27] Mohanty U S, Lin K L. The effect of alloying element gallium on the polarisation characteristics of Pb-free Sn-Zn-Ag-Al-XGa solders in NaCl solution[J]. Corros Sci, 2006 (48): 662-678.

第 3 章

电子材料在 H$_2$S 作用下的腐蚀行为

电子材料对环境污染物的浓度要求十分苛刻，甚至远低于对健康损害的标准量级，如H$_2$S的最高浓度允许值为$10×10^{-9}$（体积分数），而对人体健康的标准是$10000×10^{-9}$（体积分数）[1]。H$_2$S是电子材料腐蚀中最为有害的腐蚀性气体之一，是含硫化合物影响材料性能的主要代表物[2,3]。在含H$_2$S大气下，铜的主要腐蚀产物为Cu$_2$S和铜的氧化物(Cu$_2$O和CuO)，而且由于Cu$_2$S的离子电导率高于铜的氧化物，更有利于Cu$^+$的扩散，因而H$_2$S的存在还能够加速Cu$_2$O的生成过程，促进Cu的氧化腐蚀[4]。

本章对裸铜和化学浸银处理PCB样品进行湿H$_2$S气体腐蚀暴露试验，试验材料印制电路板加工基本参数如表3.1所示；通过ESEM表征微观腐蚀形貌，利用EDS能谱分析腐蚀产物成分和物相，并结合电化学手段阐述了其腐蚀失效机制。

表3.1　印制电路板加工基本参数

试样	PCB-Cu	PCB-ENIG	PCB-ImAg	PCB-HASL
板材	FR-4	FR-4	FR-4	FR-4
板厚/mm	0.8	0.8	0.8	0.8
铜厚/μm	25~30	25~30	25~30	25~30
表面处理	无	ENIG	ImAg	HASL
保护层厚度/ μm	0	0.02	0.02	1

3.1　H$_2$S气体作用下的PCB腐蚀行为

3.1.1　PCB-Cu的腐蚀行为

利用微量H$_2$S气体发生装置对PCB-Cu样品进行微量H$_2$S气体腐蚀试验，控制温度25℃，湿度40 % RH，H$_2$S浓度为10×10^{-9}。图3.1为PCB-Cu在不同试验时间取样的体式学显微镜照片。由图3.1（a）可以看出PCB-Cu暴露在10×10^{-9}的H$_2$S气体环境中24 h表面已经开始产生少量黑色腐蚀产物；随着试验时间的延长，腐蚀产物逐渐增多，腐蚀产物覆盖面积逐渐增大；144 h后，试样表面已有50%的面积被黑色腐蚀产物覆盖。表明微量H$_2$S气体对PCB-Cu的腐蚀作用随时间延长而加剧。

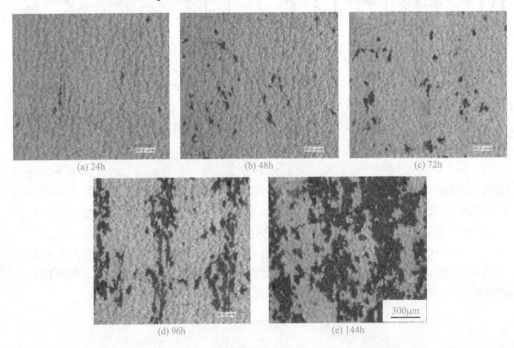

图3.1　PCB-Cu在10×10^{-9}H$_2$S气体环境下暴露试验的体式学显微镜照片

　　图3.2为在不同试验时间PCB-Cu的微观形貌。PCB-Cu暴露24 h后试样表面平整，图3.2（a）所示未见明显腐蚀产物。图3.2（b）所示试验48 h后，试样表面出现明显的腐蚀产物。腐蚀产物呈现火山形貌，从试样表面向外长出。图3.2（c）～（e）所示随着试验时间延长，开始发生腐蚀点位置的腐蚀产物逐渐增多，腐蚀产物覆盖面积逐渐增大。对腐蚀产物进行EDS能谱分析，结果如图3.2（f）所示，腐蚀产物成

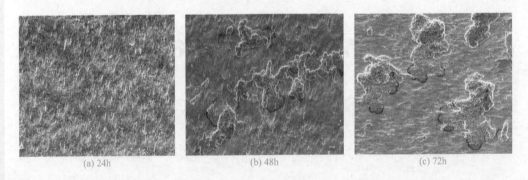

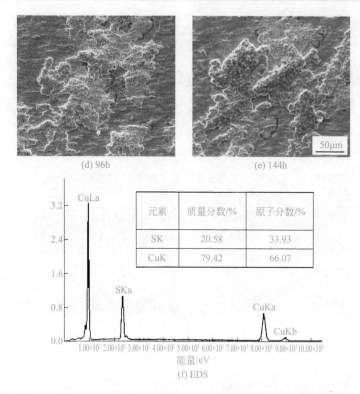

图3.2　PCB-Cu在10×10^{-9} H₂S气体环境下暴露试验的微观形貌及EDS能谱结果

分为Cu和S，原子比为2：1，可以推测PCB-Cu暴露在H₂S气体环境的腐蚀产物主要为Cu₂S。

3.1.2　PCB-ImAg的腐蚀行为

图3.3为PCB-ImAg暴露在10×10^{-9}的H₂S气体环境中在不同试验时间取样的体式学显微镜照片。由图3.3（a）可以观察到PCB-ImAg暴露24 h后，表面出现黑褐色腐蚀产物；随着试验时间的延长，腐蚀产物逐渐增多，腐蚀产物覆盖面积逐渐增大；图3.3（c）中试验72 h后，试样表面已有50%的面积被黑褐色腐蚀产物覆盖；图3.3（d）中试验96 h后，试样表面完全被黑褐色腐蚀产物覆盖，表明试样表面的浸银镀层已经完全与H₂S反应。

图3.4为PCB-ImAg在10×10^{-9}的H₂S气体环境中暴露试验144 h的微观形貌和EDS能谱结果。可以观察到试样表面长有大量颗粒状的腐蚀产物，由EDS分析结果可以看出，腐蚀产物主要含Ag、Cu和S，所以在腐蚀过程中生成银的硫化物和铜的硫化物，而且Ag的含量远大于Cu，所以主要是银的硫化物。虽然浸银处理工艺为当今电子产业领域常用的一种重要防护手段，具有重要的意义，但是对于H₂S环境，这种表面处理方法起不到有效的保护作用。

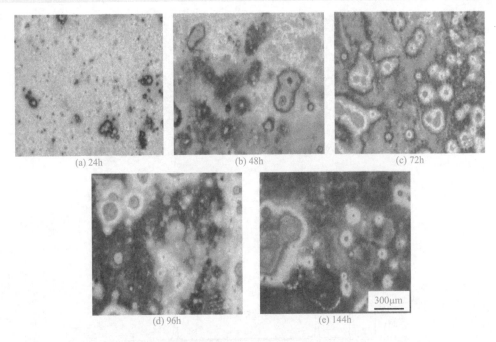

图3.3　PCB-ImAg在10×10⁻⁹H₂S气体环境下暴露试验的体式学显微镜照片

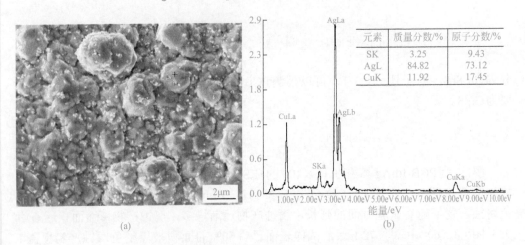

图3.4　PCB-ImAg在10×10⁻⁹H₂S气体环境下暴露试验144 h后的微观形貌及EDS能谱结果

3.2　H₂S作用下PCB腐蚀电化学机理

3.2.1　PCB-Cu的电化学机理

为了研究Na₂S溶液浓度对PCB-Cu腐蚀行为的影响，试验中测试了PCB-Cu试样在不同浓度 Na₂S 溶液中的动电位极化曲线。试验中先测试比较了 PCB-Cu 试样在有无 Na₂S 溶液中的动电位极化曲线，其结果如图3.5所示。由图3.5可以看出，PCB-Cu 试样在有无 Na₂S 溶液中的动电位极化曲线图形差异很大。受阴极极化条件影响，PCB-Cu 在无 Na₂S 的去离子水溶液体系中，零电流电位正移了近 1 V，表明 PCB-Cu 在 Na₂S 溶液中的腐蚀活性很强。同时，随着阳极极化电位增大，无 Na₂S 溶液中 PCB-Cu 极化电位呈活化特征。而 PCB-Cu 在 0.005 mol/L Na₂S 溶液中，极化曲线阳极出现了活化电流峰，电极出现"钝化"特征，直到电位超过 −0.28 V 时，电极表面阳极腐蚀电流密度才进一步增加。以上测试结果表明：Na₂S 溶液对 PCB-Cu 的腐蚀行为产生了强烈的影响。

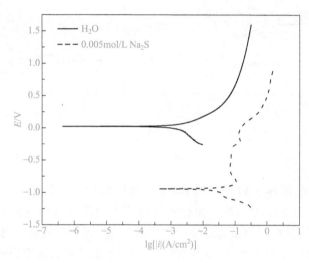

图3.5　PCB-Cu 在去离子水与 Na₂S 溶液中的动电位极化曲线对比

　　PCB-Cu 试样在不同浓度 Na₂S 溶液中的动电位极化曲线如图3.6所示。由图可以看出，随着 Na₂S 浓度增加，PCB-Cu 的阳极极化曲线发生了显著变化。随着 Na₂S 浓度由 0.0001 mol/L 增至 0.001 mol/L，阳极反应为活化过程控制，在相同极化电位下，腐蚀电流密度随浓度增大而逐渐增加，这主要是因为随着溶液中离子浓度增加，溶液导电性增强，更多的离子能参与腐蚀反应，因此 PCB-Cu 腐蚀速率逐渐增大。浓度进一步增至 0.002 mol/L，在低于 −0.9 V 的电位下，阳极反应仍然由活化过程控制，但在高于 −0.9 V 的电位下，阳极腐蚀电流密度逐渐减小，说明 Na₂S 浓度为 0.002 mol/L 时，PCB-Cu 开始显现"钝化"特征。当电位达到 −0.7 V 时，阳极腐蚀电流密度形成阳极谷，当电位超过 −0.7 V 时，阳极腐蚀电流密度开始逐渐增大，初步分析是由于钝化不稳定，腐蚀产物一边脱落一边生成引起。随着电位增大，极化曲线阳极再次出现一个电流峰，在 −0.2 V 电位下，电极出现"钝化"特征，电流减小，直到电位超过 −0.12 V 时，电极表面阳极腐蚀电流密度才进一步增加。Na₂S 浓度在 0.002～0.005 mol/L，PCB-Cu 极化曲线第一个阳极电流峰峰值逐渐增大，峰宽逐渐增大，钝化区维钝电位逐渐变窄，最低维钝电位基本保持不变，维钝电流逐渐增大。

第二个阳极电流峰峰值保持不变，峰宽逐渐增大。过钝化电位随Na₂S浓度增大稍有减小，且过钝化曲线的斜率随Na₂S浓度增大而逐渐增大。当Na₂S浓度由0.05 mol/L增至0.1 mol/L，阳极峰数量逐渐增多，峰值电流逐渐增大，但是相同浓度下的峰值电流保持不变。当Na₂S浓度达到0.1 mol/L时，形成四个极化曲线阳极电流峰，当电压超过0.112 V时，电极表面阳极腐蚀电流密度才进一步增加，阳极反应由活化过程控制。

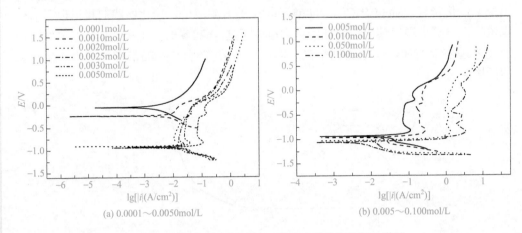

(a) 0.0001～0.0050mol/L   (b) 0.005～0.100mol/L

图3.6　PCB-Cu在不同浓度Na₂S溶液中的动电位极化曲线

因此，在零电流电位以上，PCB-Cu的极化曲线阳极峰数量随着Na₂S浓度不同而不同，随着Na₂S浓度增加，阳极极化曲线上电流峰逐渐变宽；在Na₂S浓度为0.002 mol/L时出现最小的阳极电流峰，并开始出现"钝化"特征。因此，0.002 mol/L为PCB-Cu"钝化"的最低临界Na₂S浓度，当Na₂S浓度超过0.002 mol/L时出现两个阳极电流峰，随着Na₂S浓度进一步增加，阳极电流峰峰数逐渐增加，并且峰值电流逐渐增大。

PCB-Cu试样在不同浓度Na₂S溶液中初期的开路电位随时间而发生变化，稳定后的开路电位结果列于表3.2。由表可以看出，稳定开路电位随着Na₂S浓度增大而降低，当Na₂S浓度小于0.0020 mol/L时，随浓度增加，稳定开路电位变化幅度较大；当Na₂S浓度大于或等于0.0020 mol/L时，开路很快达到稳定值，且不同浓度下稳定的零电位值差异较小，但其开路电位值比低浓度时要负一些。从极化曲线测量结果也可以看出：PCB-Cu试样的零电流电位随Na₂S浓度增大而负移，说明随着Na₂S浓度增大，溶液对PCB-Cu的腐蚀性增强。

表3.2　PCB-Cu在不同浓度Na₂S溶液中开路电位测试结果

[Na₂S]/(mol/L)	0.0001	0.0010	0.0020	0.0025	0.0030	0.0050	0.010	0.050	0.100
开路电位/mV	−55.2	−243	−912	−925	−940	−940	−968	−1030	−1060

PCB-Cu试样在开路电位下不同浓度Na₂S溶液中的Nyquist如图3.7所示。可以看

出在 0.0010 mol/L 和 0.0025 mol/L Na₂S 溶液中，溶液电阻非常大，Nyquist 图为一个容抗弧，并伴有扩散特征的 Warburg 阻抗。随着浓度增加到 0.0100 mol/L 和 0.1000 mol/L，扩散特征消失，容抗弧的半径逐渐减小。由 Nyquist 图可以看出，当 Na₂S 浓度较大时（0.1000 mol/L），溶液电导率较大，因此溶液电阻很小；当溶液浓度较小时（0.0010 mol/L），溶液电导率较小，因此溶液电阻较大。

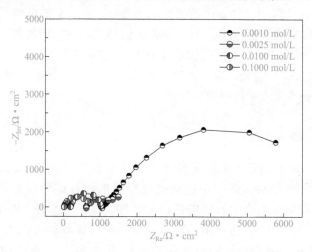

图3.7　PCB-Cu在开路电位下不同浓度Na₂S溶液中的Nyquist图

　　研究表明，如果腐蚀产物膜或钝化膜有缺陷或具有多孔结构特征，其 Nyquist 图由两个容抗弧组成。事实上，金属基体的腐蚀产物膜不能视为理想的均匀层，而是一个缺陷层。当 Na₂S 浓度为 0.0010 mol/L 和 0.0025 mol/L 时，由于溶液中参与反应的离子浓度低，反应过程受扩散过程控制，故表现为 Nyquist 图中的 Warburg 阻抗。随着溶液中 Na₂S 浓度升高至 0.0100 mol/L 和 0.1000 mol/L 时，反应过程中的离子充足，电化学反应不再受扩散过程控制，Warburg 阻抗消失。对电极反应进行等效电路拟合，如图 3.8 所示。等效电路的不同源于电极反应的动力学特征发生改变。PCB-Cu 试样在 0.0010 mol/L 和 0.0025 mol/L Na₂S 溶液中的 EIS 可以用 $R_s(CPE_{dl}(R_{ct}W))$ 等效电路进行拟合，见图 3.8（a）；而对于 0.0100 mol/L 和 0.1 mol/L Na₂S 溶液则可用 $R_s(CPE_f R_f)$ $(CPE_{dl}R_{ct})$ 来拟合，见图 3.8（b）。这里 R_s 为溶液电阻，R_{ct} 为电荷转移电阻，R_f 为电极表面腐蚀产物的电阻，W 为扩散阻抗，CPE_{dl} 为表面腐蚀产物与电解质溶液两相间的界面双电层电容，CPE_f 为腐蚀产物电容。由于缺陷层存在弥散效应，因此，使用常

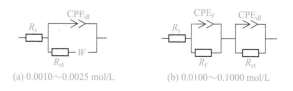

(a) 0.0010～0.0025 mol/L　　　　(b) 0.0100～0.1000 mol/L

图3.8　PCB-Cu在Na₂S溶液中的等效电路

相位角元件CPE来代替纯电容C，CPE= $(j\omega)^{-n}/Y_0$，Y_0为导纳常数；n为与试样表面状态有关的拟合常数。

通常情况下，溶液电阻R_s随溶液浓度增加而降低，电荷转移电阻R_{ct}在溶液浓度较低时相对较大，在溶液浓度高时其值较小。在0.01 mol/L和0.1 mol/L的Na_2S溶液中，电极表面腐蚀产物对PCB-Cu试样的电极过程影响较大。腐蚀过程中生成的腐蚀产物电阻R和反映了腐蚀产物表面致密程度的参数n有一定的规律。一般认为，R和n值的大小与钝化膜的致密程度有关。两者数值越大，腐蚀产物越厚，致密性越好，对材料的保护度也越高，材料的耐蚀性也越好。对Na_2S溶液体系来说，随着浸泡时间逐渐增加，腐蚀时间延长，腐蚀产物不断增厚，表面的致密性也逐渐提高，因此PCB-Cu试样在Na_2S溶液中的耐蚀性提高。

3.2.2 PCB-ImAg的电化学机理

为了研究PCB-ImAg在不同浓度Na_2S溶液中腐蚀失效机制，试验中测试了PCB-ImAg试样在不同浓度Na_2S溶液中的动电位极化曲线。试验中先测试比较了PCB-ImAg试样在有无Na_2S溶液中的动电位极化曲线，其结果如图3.9所示。可以看出，PCB-ImAg试样在有无Na_2S溶液中的动电位极化曲线图形差异很大。受阴极极化条件影响，PCB-ImAg在无Na_2S的去离子水溶液体系中，零电流电位正移了近972 mV，表明PCB-ImAg在Na_2S溶液中的腐蚀活性很强。同时，随着阳极极化电位增大，在去离子水中PCB-ImAg呈活化特征。而PCB-ImAg在0.005 mol/L Na_2S溶液中，极化曲线阳极出现了活化电流峰，电极出现明显"钝化"特征，直到电位超过0.018 V时，电极表面阳极腐蚀电流密度才进一步增加。以上测试结果表明：Na_2S溶液对PCB-ImAg的腐蚀行为产生了强烈的影响。

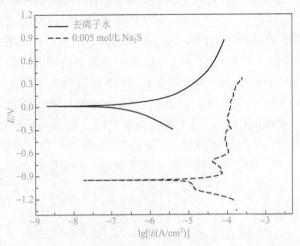

图3.9 PCB-ImAg在去离子水与Na_2S溶液中的动电位极化曲线对比

PCB-ImAg试样在不同浓度Na_2S溶液中的动电位极化曲线如图3.10所示。由图可以看出，随着 Na$_2$S 浓度增加，PCB-ImAg 的阳极极化曲线发生了显著变化。在去离子水中 PCB-ImAg 阳极极化曲线表现为活化控制，随着 Na$_2$S 浓度增至 0.0001 mol/L，阳极反应仍为活化过程控制，但在相同极化电位下，腐蚀电流密度明显增大，这主要是因为随着溶液中离子浓度增加，溶液导电性增强，更多的离子能参与腐蚀反应，因此 PCB-Cu 腐蚀速率逐渐增大。浓度进一步增至 0.001 mol/L，在低于 –0.568 V 的电位下，阳极反应仍然由活化过程控制，但在高于 –0.568 V 的电位下，阳极腐蚀电流密度逐渐减小，说明 Na$_2$S 浓度为 0.001 mol/L 时，PCB-Cu 开始显现"钝化"特征；当电位增大至 –0.382 V 时，阳极电流密度几乎不变，显示出稳定钝化现象；随着电位继续增大至 0.1126 V 时，试样表面钝化膜破裂，腐蚀电流密度呈现较大幅度增加。Na$_2$S 浓度在 0.002 ~ 0.003 mol/L 逐渐增加，PCB-ImAg 阳极极化曲线进入稳定钝化区的致钝电位均约为 –0.6012 V，但峰宽逐渐增大；在 –0.528 ~ –0.0560 V 区间维持较为稳定的钝化态，但维钝电流密度逐渐增加；此外 0.002 mol/L 和 0.0025 mol/L 溶液中 PCB-ImAg 阳极极化曲线在零电流电位和致钝电位之间表现出明显的活化-钝化竞争过程。当 Na$_2$S 浓度增加到 0.005 mol/L 时，与 Na$_2$S 浓度为 0.002 ~ 0.003 mol/L 不同的是试样阳极极化曲线致钝电位有所提高，致钝电位峰继续变宽，维钝电流密度出现较大幅度升高；此外在钝化后又出现另一钝化峰（–0.281 V）。当 Na$_2$S 浓度由 0.01 mol/L 增至 0.1 mol/L，阳极峰峰宽逐渐增大，几乎没有稳定钝化区，并且峰值电流逐渐增大。主要是因为随着 Na$_2$S 浓度升高，侵蚀性离子 S^{2-} 浓度增加，而银本身对含硫污染物十分敏感；此外溶液电导率也逐渐增加，因而导致 PCB-ImAg 阳极电流密度不断增加，维钝电流密度增大；到后期 PCB-ImAg 几乎不能形成稳定钝化区。

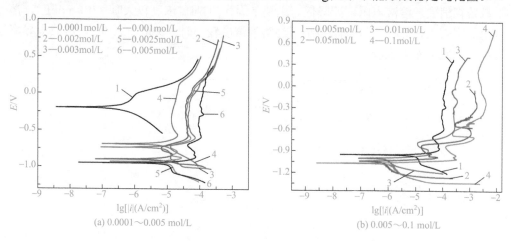

图3.10　PCB-ImAg 在不同浓度 Na$_2$S 溶液中的动电位极化曲线

因此，在零电流电位以上，PCB-ImAg 的极化曲线阳极峰数量随着 Na$_2$S 浓度不同而不同，随着 Na$_2$S 浓度增加，阳极极化曲线上电流峰逐渐变宽；在 Na$_2$S 浓度为 0.001 mol/L 时出现最小的阳极电流峰，开始出现"钝化"特征。因此，0.001 mol/L 为 PCB-ImAg "钝化"的最低临界 Na$_2$S 浓度，当 Na$_2$S 浓度超过 0.001 mol/L 时出现多个阳极电流峰，随着 Na_2S 浓度进一步增加，阳极电流峰峰宽逐渐增加，并且峰值（致钝电位）逐渐增大，维钝电流密度明显升高。

　　PCB-ImAg 试样在不同浓度 Na_2S 溶液中初期的开路电位随时间而发生变化，稳定后的开路电位结果列于表3.3。由表可以看出，稳定开路电位整体上随着 Na_2S 浓度增大而降低，但在 0.003 mol/L 时出现反转现象。当 Na_2S 浓度小于 0.001 mol/L 时，PCB-ImAg 处于活性溶解状态，稳定开路电位变化幅度较大；当 Na_2S 浓度大于或等于 0.001 mol/L 时，开路很快达到稳定值，且不同浓度下稳定的零电位值差异较小。从极化曲线测量结果也可以看出：整体上 PCB-ImAg 试样的零电流电位随 Na_2S 浓度增大而负移，说明随着 Na_2S 浓度增大，溶液对 PCB-Cu 的腐蚀性增强。虽 PCB-ImAg 的开路电位在 0.003 mol/L 时出现反转现象，但从极化曲线可以看出，0.001 mol/L 溶液中致钝电位以及维钝电流密度明显小于 0.003 mol/L 溶液，因而 0.003 mol/L Na_2S 溶液腐蚀性明显大于 0.001 mol/L Na_2S 溶液。

表3.3　PCB-ImAg在不同浓度 Na_2S 溶液中开路电位测试结果

[Na_2S]/(mol/L)	0.0001	0.001	0.002	0.0025	0.003	0.005	0.01	0.05	0.1
开路电位/mV	−191	−688	−900	−930	−736	−944	−1000	−1046	−1069

　　PCB-ImAg 试样在开路电位下不同浓度 Na_2S 溶液中的 Nyquist 如图3.11所示。可以看出在 0.001 mol/L 和 0.0025 mol/L Na_2S 溶液中，溶液电阻非常大，Nyquist 图为一个容抗弧，并伴有扩散特征的 Warburg 阻抗。随着浓度增加到 0.01 mol/L 和 0.1 mol/L，扩散特征消失，溶液电阻逐渐降低。主要是因为当 Na_2S 浓度较大时（0.1 mol/L），溶液电导率较大，因此溶液电阻很小；当溶液浓度较小时（0.001 mol/L），溶液电导率较小，因此溶液电阻较大。

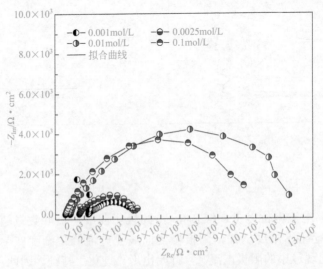

图3.11　PCB-ImAg在不同浓度 Na_2S 溶液中的Nyquist图

当 Na₂S 浓度为 0.001 mol/L 和 0.0025 mol/L 时，由于溶液中参与反应的离子浓度低，反应过程受扩散过程控制，故表现为 Nyquist 图中的 Warburg 阻抗。随着溶液中 Na₂S 浓度升高至 0.01 mol/L 和 0.1 mol/L 时，反应过程中的离子充足，电化学反应不再受扩散过程控制，Warburg 阻抗消失。因此 PCB-ImAg 试样在 0.001 mol/L 和 0.0025 mol/L Na₂S 溶液中的 EIS 可以用与 PCB-Cu 试样 EIS 谱相同等效电路进行拟合，具体如图 3.8 所示。

电荷转移电阻 R_{ct} 反映了界面反应阻力的大小，常用来表征腐蚀速率的快慢，其值越大，腐蚀速率越小。对 Na₂S 溶液体系来说，随着浸泡溶液浓度逐渐增加，腐蚀加剧，腐蚀产物不断增厚，表面的致密性有所提高，因此 PCB-ImAg 试样在 Na₂S 溶液中的腐蚀速率降低，但在达到 0.1 mol/L 时由于无法形成较致密腐蚀产物层而使得腐蚀速率略有升高。

参考文献

[1] Leygraf C, Graedel T. Atmospheric corrosion[M]. New York: John Wiley & Sons, Incorpo, 2000.

[2] Kleber Ch, Wiesinger R, Schnoller J, et al. Initial oxidation of silver surfaces by S²⁻and S⁴⁺ species[J]. Corrosion Science, 2008, 50: 1112-1121.

[3] Zhang S，Osterman M. The Influence of H₂S Exposure on Immersion-Silver-Finished PCBs Under Mixed-Flow Gas Testing[J]. IEEE Transactions on device and materials reliability, 2010,10(1): 71-81.

[4] Tran T T M, Fiaud C, Sutter E M M. Oxide and sulphide layers on copper exposed to H₂S containing moist air[J]. Corrosion Science, 2005, 47: 1724-1737.

第 *4* 章

电子材料在盐雾环境中的腐蚀行为

目前国内外对于金属铜的研究比较多，但针对电子设备及元器件使用的电解铜箔（PCB-Cu）的研究较少，Huang等[1,2]利用电化学手段研究了温度、湿度和Cl⁻浓度对PCB-Cu腐蚀行为的影响，发现PCB-Cu在吸附液膜下的腐蚀阴极过程受氧及腐蚀产物的还原过程控制，阴极电流密度随温度、相对湿度和Cl⁻浓度的增加而增加，这对于沿海大气环境下PCB的腐蚀行为研究有指导性意义。在电子工业中，为了提高PCB的耐蚀性和可焊性，同时降低接触电阻，通常对其进行多种表面处理，如化学镍金处理、浸银处理以及镀锡等。本章具体探讨了裸铜板以及经过不同工艺处理的电路板（印制电路板加工基本参数如表3.1所示）在中性盐雾环境下的腐蚀失效机制。

4.1 PCB-Cu在盐雾环境中的腐蚀行为 ◀◀◀

4.1.1 腐蚀宏观形貌

图4.1为在不同时间盐雾试验后覆铜板表面腐蚀形貌。盐雾试验16 h后，如图4.1（b）所示，覆铜板开始出现红棕色腐蚀产物。随着盐雾试验时间的延长，如图4.1（c）～（e）所示，红棕色区域不断增多，并逐渐覆盖整个表面，颜色也进一步加深。图4.1（c）为盐雾试验24 h后，锈层局部区域出现了绿色的腐蚀产物，并随着盐雾时间增加，如图4.1（e）所示，绿色腐蚀产物不断增多。

4.1.2 腐蚀产物分析

图4.2为覆铜板不同时间盐雾试验的SEM微观形貌。盐雾试验16 h后，如图4.2（a）所示，其表面形成疏松多孔的腐蚀产物。盐雾试验24 h后，如图4.2（b）所示，颗粒状腐蚀产物聚集在一起形成锈层。随着盐雾试验时间的延长，如图4.2（c）所示，

48 h后锈层由疏松变得相对致密，并且在锈层表面出现较大尺寸的颗粒状腐蚀产物，盐雾试验96 h后，如图4.2（d）所示，颗粒状腐蚀产物明显增多并聚集成团絮状。

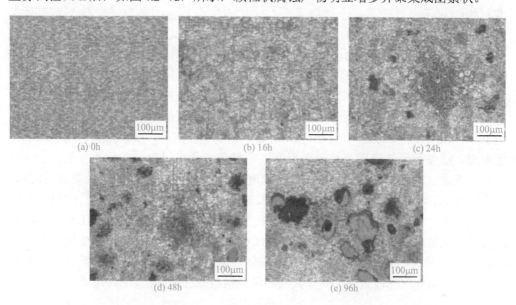

图4.1　覆铜板在不同时间盐雾试验后表面腐蚀形貌

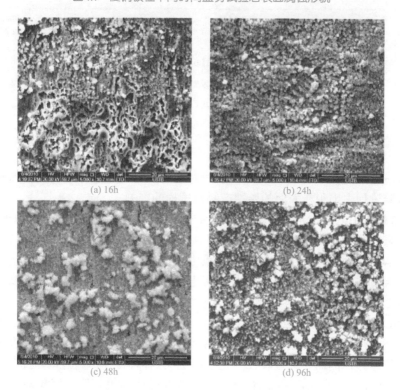

图4.2　覆铜板不同盐雾试验的SEM形貌

表4.1为经不同盐雾试验后覆铜板表面腐蚀产物的EDS分析结果。在覆铜板表面形成的腐蚀产物为Cu的氧化物和氯化物，其中颗粒状腐蚀产物中（图4.2中"A"点）的Cl原子分数明显高于锈层（图4.2中"B"点）的Cl的原子分数，表明盐雾试验过程中，在基体表面形成的腐蚀产物层中主要是Cu的氧化物，并且由于氯离子的作用，在疏松的腐蚀产物层上面分布着颗粒状的氯化物。随着盐雾试验时间延长，O、Cl的含量增加，腐蚀产物不断增加。研究表明，金属铜在大气环境中以均匀腐蚀为主要腐蚀形式，宏观形貌表现为由腐蚀产物引起表面颜色的改变，实际上反映了在不同介质环境作用下所形成的腐蚀产物层具有不同组成成分。金属铜在大气环境下，初期生成的Cu_2O呈棕红色，Cu_2O是铜锈的主要成分，并在贴近金属基体的位置形成，这使得铜的表面在几天之后变成暗棕色，几周或者几个月或者更长的时间之后，变成黑色。Cu_2O与污染物的反应速度很慢，许多年或者几十年的暴露时间里，它继续生长，有时会也许会厚到几十微米的厚度[3]。但随着大气湿度的增加、氯离子浓度的增大，铜表面形成绿棕色或蓝绿色的腐蚀产物层速度加快，在具有高浓度水溶性氯化物的大气环境中，初期形成的Cu_2O膜会在薄液膜中溶解产生铜离子，与氯离子反应形成$CuCl_2$，$CuCl_2$作为种子晶体，通过随后的溶解、离子配对和再沉积形成$Cu_2Cl(OH)_3$。总地来说，海洋大气环境对铜的腐蚀具有显著的加速作用[4]。

表4.1　覆铜板盐雾试验后表面腐蚀产物的EDS分析结果/%

元素	16 h		24 h		48 h		96 h	
	A	B	A	B	A	B	A	B
O	26.26	15.76	23.36	12.68	25.19	17.45	30.64	18.45
Cl	19.28	10.02	19.97	09.27	24.32	13.36	23.57	15.28
Cu	54.46	74.21	56.67	78.05	50.49	69.19	45.79	66.27

4.1.3　腐蚀电化学机制

　　盐雾试验后选用0.01 mol/L NaCl溶液对不同周期试样进行交流阻抗谱测试，研究盐雾试验过程中堆积在表面的腐蚀产物对试样的影响。

　　图4.3是PCB-Cu在NaCl溶液中不同周期测试得到的交流阻抗谱。由于PCB-Cu试样在盐雾试验过程中，发生不同程度腐蚀，表面覆盖有腐蚀产物，因而Nyquist图中有两个容抗弧，说明PCB-Cu在Cl⁻体系中阻抗有两个时间常数，即反应中有两个状态参量控制电极反应过程。一个是电极电位，另一个是工作电极表面腐蚀产物膜层。随着Cl⁻浓度的增大，容抗弧表现为先增大后减小。

　　PCB-Cu在试验初期容抗值不断增加，主要是因为Cu在盐雾环境下，表面不断被氧化，表面上的腐蚀产物不断增加，并且逐渐变得致密，使得侵蚀性离子难以接触"新鲜"基体，因而腐蚀过程在一定程度上受到抑制。但随着盐雾时间不断延长，Cl⁻不断在试样表面富集，96 h后，由于Cl⁻浓度已达到较高值，使先前生成的致密氧化膜层发生溶解，从而使得后期容抗弧减小，腐蚀速率增加。

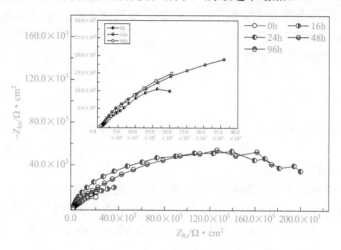

图4.3　不同周期盐雾试验后PCB-Cu的EIS谱

4.2 PCB-ImAg在盐雾环境中的腐蚀行为

4.2.1　腐蚀宏观形貌

图4.4 为体式学显微镜观察到的不同周期的盐雾试验后PCB-ImAg表面腐蚀形

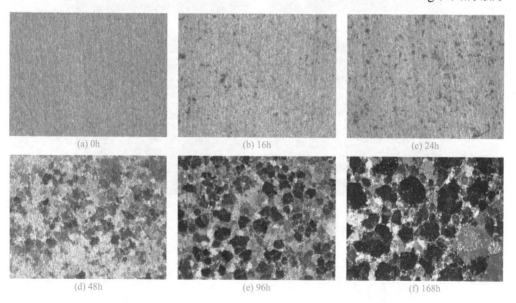

(a) 0h　　(b) 16h　　(c) 24h
(d) 48h　　(e) 96h　　(f) 168h

图4.4　不同周期的盐雾试验后PCB-ImAg试样表面形貌

貌。盐雾试验前，试样表面平整，无腐蚀产物。经盐雾试验16 h后，如图4.4(b)所示，浸银覆铜板开始出现少量黑色腐蚀产物。随着盐雾试验时间延长，试样颜色加深，腐蚀产物明显增多。盐雾试验进行至168 h后，试样几乎完全被腐蚀，试样表面分布有深褐色腐蚀产物，如图4.4（f）所示。

4.2.2　腐蚀产物分析

　　图4.5为PCB-ImAg板不同周期盐雾试验后的SEM微观形貌。盐雾试验进行16 h后，PCB-ImAg腐蚀十分轻微，表面仍较为平整；而PCB-Cu在16 h盐雾试验后表面明显覆盖有颗粒状腐蚀产物（图4.2），表明镀银工艺在含氯环境下对电路板能起到较好的保护作用。盐雾试验96 h后，试样发生明显的腐蚀，表面覆盖有较多的腐蚀产物，并且局部区域腐蚀产物结晶呈现四边形的腐蚀形貌。对不同周期试样进行EDS分析发现（表4.2），随着盐雾时间延长，试样表面O含量不断升高，Ag含量降低，表明PCB-ImAg在盐雾环境下腐蚀程度加剧，表面腐蚀产物增加。

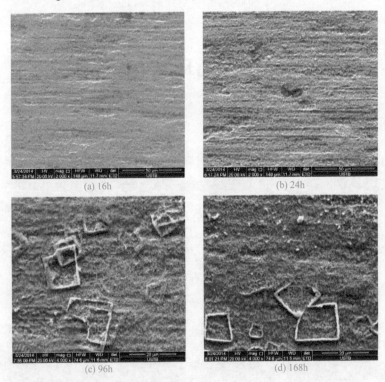

图4.5　PCB-ImAg板不同周期盐雾试验后的SEM微观形貌

4.2.3　腐蚀电化学机制

　　盐雾试验后选用0.01 mol/L NaCl溶液对不同周期试样进行交流阻抗谱测试，以此研究试样在盐雾试验过程中的腐蚀失效机制以及表面覆盖的腐蚀产物层对试样的保护作用。

表4.2　PCB-ImAg板盐雾试验的EDS分析结果/%

元素	Cu	O	Cl	C	Ag
A	46.53	0.83	0.15	13.56	38.93
B	32.78	40.3	0.36	7.49	19.07
C	35.3	51.59	2.13	4.14	6.84

图4.6是PCB-ImAg在NaCl溶液中不同周期测试得到的交流阻抗谱。可以看出在盐雾试验初期阻抗先减小，随后逐渐增大；达到96 h后，阻抗逐渐再次出现不断减小的趋势。在168 h盐雾试验后，交流阻抗谱表现出 Warburg 扩散阻抗的特征。试验初期由于PCB-ImAg表面存在微孔等缺陷，含氯电解质可渗入与基底相接触，从而引发基底Cu腐蚀；并且由于含氯电解质的渗入使得镀层Ag与基底Cu相接触，同时引发电偶腐蚀，从而加速Cu的溶解。但24 h后由于形成的腐蚀产物在PCB-ImAg表面微孔处堆积，使得电解质渗入困难，因而阻抗弧出现增大的现象。随着盐雾试验延长，Cl⁻会引起先前生成的腐蚀产物发生溶解；并且Cl⁻半径较小，可以逐渐穿过腐蚀产物膜层，从而不断促进腐蚀发生，导致后期阻抗值降低。

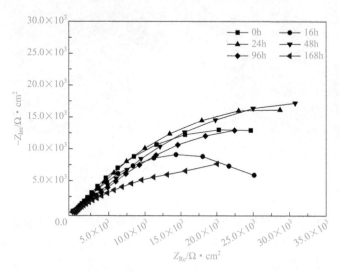

图4.6　NaCl溶液中不同周期盐雾试验后PCB-ImAg的EIS谱

4.3 PCB-HASL在盐雾环境中的腐蚀行为

4.3.1 腐蚀宏观形貌

　　体式学显微镜观察盐雾试验后PCB-HASL试样表面形貌，如图4.7所示。从图4.7（a）可以看到，盐雾试验前PCB-HASL表面均十分平整；盐雾试验16 h后，PCB-HASL试样表面逐渐变为淡黄色，并且出现了少量腐蚀产物；随着盐雾试验时间的延长，PCB-HASL表面颜色加深，腐蚀区域不断增多，较小的局部腐蚀区逐渐扩大，甚至部分腐蚀产物出现脱落形成了小的腐蚀坑，如图4.7（c）、（d）所示；盐雾试验168 h后，PCB-HASL板已经发生了大面积的腐蚀，并且出现了大的腐蚀坑，腐蚀坑边缘区域明显有裂纹存在。

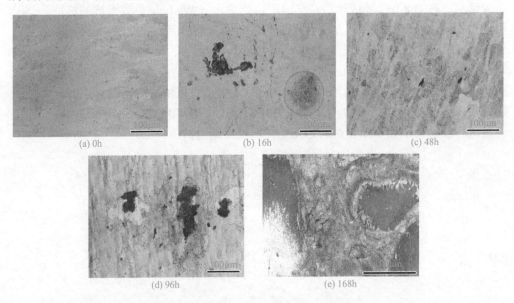

(a) 0h　　　　　　　　(b) 16h　　　　　　　　(c) 48h

(d) 96h　　　　　　　　(e) 168h

图4.7 盐雾试验后PCB-HASL试样表面形貌

　　进一步利用体式学显微镜对图4.7（e）中所选择区域进行3 D形貌分析，如图4.8所示。由图4.8（a）可以看到脱落区明显向下凹陷，在图中呈现冷色调，结合图4.8（b）深度测量结果，腐蚀坑的最大深度为5.092 μm，而整个镀Sn层仅为10.0 μm，说明该区域镀Sn层已发生严重的局部腐蚀，并且由于腐蚀产物脱落而产生了较大的腐蚀坑。

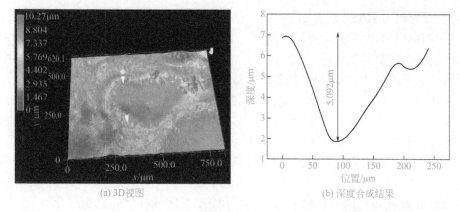

(a) 3D视图   (b) 深度合成结果

图4.8 168 h PCB-HASL脱落处体式学3 D形貌及其深度测量

4.3.2 腐蚀产物分析

不同周期盐雾试验的PCB-HASL板SEM微观形貌如图4.9所示。空白PCB-HASL样如图4.9（a）所示，表面十分平整，不存在凹凸不平区域。盐雾试验16 h后，PCB-HASL表面局部区域发生了腐蚀，并伴有少量腐蚀产物脱落的现象；盐雾试验48 h后，如图4.9（c）所示，腐蚀程度明显加重，脱落区附近产生了较多的疏松腐蚀产物；96 h后，表面腐蚀区继续增大，腐蚀产物增多；达到168 h时，几乎整个镀Sn层都发生了腐蚀，大量的腐蚀产物覆盖在镀Sn层表面，并且较为致密的腐蚀产物上分布有"片层状"的物质。

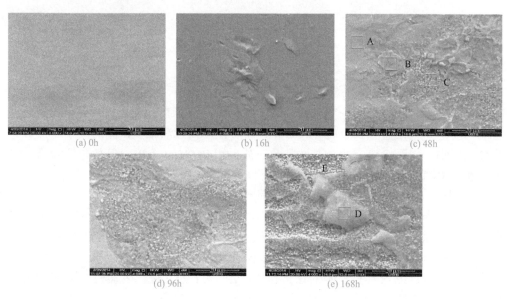

(a) 0h   (b) 16h   (c) 48h

(d) 96h   (e) 168h

图4.9 PCB-HASL板不同周期盐雾试验后的SEM微观形貌

表4.3为PCB-HASL板表面腐蚀产物的EDS分析结果。区域A的EDS分析结果表明，PCB-HASL板表面含有较多的氧元素，说明镀Sn层表面已经发生氧化，表面存在一层较为致密的氧化膜；B区域是即将脱落的腐蚀产物区，EDS显示Sn与Cu的原子分数比约为2.2：1，与区域A处（Sn与Cu原子分数比约为4.1：1）相比，Sn含量大幅度减少，并且含有大量O，说明此处镀Sn层已经发生严重的局部腐蚀，由于腐蚀产物膨胀产生内应力，最终将脱落。C区是腐蚀产物脱落后的区域，EDS发现仍含有大量O，但低于B区O含量，说明腐蚀产物脱落后又形成了新的氧化膜层，但是致密性较原有的氧化膜差。对盐雾试验168 h后PCB板表面呈"片层状"的腐蚀产物（D区域）EDS分析表明，O与Sn的原子比接近1.5，因此可能是Sn和亚Sn的氧化物或者氢氧化物的混合物；与D区域相比，E区域O与Sn的原子比（约为0.6）降低，说明此处亚锡的腐蚀产物较多；腐蚀产物中Cl⁻含量始终很少，可推测Cl⁻在腐蚀过程中主要起着"催化"的作用，加速着Sn镀层的腐蚀；部分Cl⁻可能以可溶性的中间产物$SnCl_2$和$SnCl_4$形式存在，但并非最终腐蚀产物的主要成分。Zhong等[5]对Sn在含Cl⁻薄液膜下腐蚀的研究发现腐蚀产物中Cl⁻的含量也非常少。

表4.3　PCB-HASL板表面腐蚀产物的EDS分析结果/%

元素	C	O	Cl	Sn	Cu
A	8.21	22.19	—	55.87	13.73
B	7.56	31.66	4.24	39.08	17.46
C	8.08	18.60		32.87	40.45
D	7.19	42.85	—	29.08	20.88
E	6.29	20.40	—	33.96	39.35

4.3.3　腐蚀电化学机制

盐雾腐蚀后PCB-HASL板不同周期的交流阻抗谱分别如图4.10所示。图4.10中Nyquist图显示似乎只有一个容抗弧，但是在盐雾试验前镀Sn层表面已经有一层致密的氧化膜，并且在盐雾试验后，PCB板表面腐蚀产物逐渐堆积，又形成了一层较厚的腐蚀产物，因而应该有两个时间常数，故采用$R_s(Q_f(R_f(Q_{dl}R_{ct})))$等效电路拟合。其中$R_s$代表溶液电阻，$Q_f$（常相位角元件）表示表面氧化膜（Sn的氧化物）的膜层电容，R_f为膜电阻，Q_{dl}是双电层电容，R_{ct}为电荷传递电阻。

采用R_{ct}来描述腐蚀速率的快慢。图4.11为PCB-HASL板在不同周期盐雾试验后的$1/R_{ct}$关系图。可以看出PCB-HASL板在0～48 h内腐蚀速率呈现缓慢增加趋势，说明PCB-HASL板在盐雾试验之前表面已经发生氧化，形成了一层相对致密的氧化膜，其对PCB板具有一定的保护作用，由于Cl⁻的入侵，表面较为薄弱的氧化膜将优先发生破坏，因而腐蚀速度会缓慢增加，这与图4.9（a）～（c）微观形貌是相符的。随着盐雾试验时间延长，在48～96 h期间，PCB-HASL板腐蚀速率快速上升，这是因为新形成的氧化膜不稳定；并且在Cl⁻的长期作用下，PCB-HASL板表面原有的较为致密的氧化膜区域也会发生腐蚀破损，因而腐蚀速率会快速上升。随后在96～168 h期间，PCB-HASL表面腐蚀产物堆积，又逐渐形成较厚的腐蚀产物层，使阻抗增加，腐蚀速率降低。整个盐雾过程中，由于Sn层腐蚀产物的脱落，使得Sn镀层逐渐减薄，最终造成电路板失效，这与图4.8中的3 D形貌相吻合。

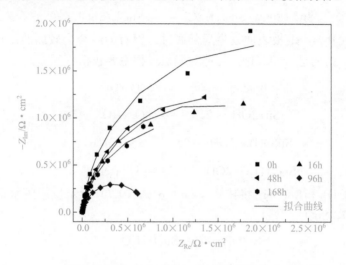

图4.10　不同周期盐雾试验后PCB-HASL板的EIS结果与拟合曲线

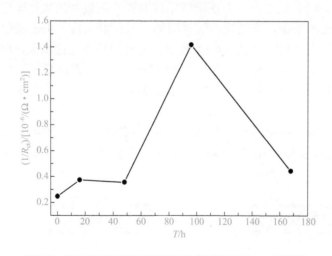

图4.11　PCB-HASL板在不同周期盐雾试验后的$1/R_{ct}$关系图

4.3.4　腐蚀失效机制

PCB-HASL板在盐雾试验过程中的阴极反应主要是O_2的还原，阳极过程主要是镀层Sn的氧化。在含Cl⁻环境中Sn的腐蚀产物主要为锡和亚锡的氧化物（SnO、

59

SnO_2）[5,6]。

在盐雾试验之前 PCB-HASL 板表面形成了一层致密的氧化膜，而锡和亚锡的腐蚀产物是一种 P 型半导体[7]，因而阻抗很大。但由于 Cl⁻ 是一种具有很强吸附活性的阴离子，能够很快取代锡和亚锡的氧化物中氧原子而优先吸附在 Sn 的特殊位置，产生可溶性的 $SnCl_2$、$SnCl_4$[8]：

$$Sn^{2+}(SnO、SnO_2)+2Cl^- \longrightarrow SnCl_2(SnCl_4) \tag{4.1}$$

这导致 PCB-HASL 板表面发生局部腐蚀，原有的结合力较弱的氧化膜优先被破坏，从而促进 Sn 的进一步腐蚀。可能的阳极过程主要包括[5,9,10]：

$$Sn+2OH^- - 2e^- \longrightarrow Sn(OH)_2 \tag{4.2}$$

$$Sn+2OH^- - 2e^- \longrightarrow SnO+H_2O \tag{4.3}$$

$$Sn(OH)_2+2OH^- - 2e^- \longrightarrow Sn(OH)_4 \tag{4.4}$$

$$SnO+H_2O+2OH^- - 2e^- \longrightarrow Sn(OH)_4 \tag{4.5}$$

随后 $Sn(OH)_2$ 和 $Sn(OH)_4$ 将按式（4.6）和式（4.7）所示反应脱水形成更为稳定的氧化物 SnO、SnO_2[5,6,9,10]：

$$Sn(OH)_2 \longrightarrow SnO+H_2O \tag{4.6}$$

$$Sn(OH)_4 \longrightarrow SnO_2+2H_2O \tag{4.7}$$

由于反应（4.1）的进行，会逐渐破坏 PCB 板表面致密的氧化膜层，因而阻抗在盐雾试验初期逐渐变小，腐蚀速率缓慢增加；但在 48 h 后，由于表面氧化膜发生了破损，逐渐进行式（4.2）～式（4.5）反应，使腐蚀速率迅速增大，PCB 板腐蚀程度明显加重，如图4.9（c）所示。随着盐雾试验的进行，锡和亚锡的氢氧化物逐渐脱水形成了较为致密的氧化物，因而在 96 h 后腐蚀速率降低，这与电化学阻抗研究结果是一致的。

根据以上分析，提出图4.12所示的镀 Sn 层腐蚀模型。PCB-HASL 板在盐雾试验时 Cl⁻ 将优先破坏表面氧化膜薄弱处，发生局部腐蚀，如图4.12（a）和图4.12（b）

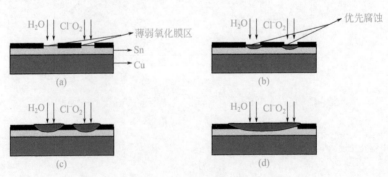

图4.12　PCB-HASL失效机制模型

所示。随着盐雾时间的延长，局部腐蚀坑附近致密的氧化膜开始发生溶解、破坏，产生了较多的疏松腐蚀产物，腐蚀速率迅速增加，这与EIS结果相符，如图4.12（c）所示。随后几乎整个镀Sn层表面均发生腐蚀，类似均匀腐蚀，在镀层表面形成了一层较厚的腐蚀产物层，一定程度上阻碍了腐蚀的发生，如图4.12（d）所示。

4.4　PCB-ENIG在盐雾环境中的腐蚀行为

4.4.1　腐蚀宏观形貌

PCB-ENIG在盐雾试验后试样宏观形貌，如图4.13所示。从图4.13（a）可以看到，盐雾试验前PCB-ENIG表面十分平整；盐雾试验16 h后，表面出现浅绿色物质；随后表面腐蚀产物增多，颜色逐渐加深，出现微孔腐蚀，如图4.13（c）~（e）所示。

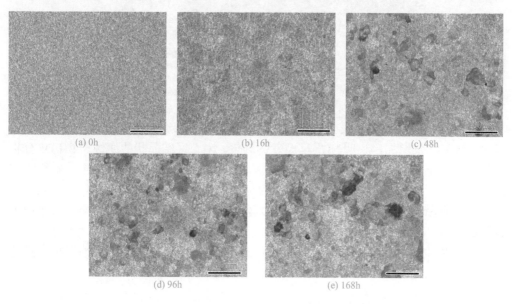

图4.13　盐雾试验后PCB-ENIG试样表面宏观形貌

4.4.2　腐蚀产物分析

不同周期盐雾试验的PCB-ENIG板SEM微观形貌如图4.14所示。4.14（a）为PCB-ENIG空白样，表面光洁，没有任何腐蚀产物，表面形貌类似由成簇的圆形"孢子"紧密堆积而成。盐雾试验16 h后，PCB-ENIG表面局部出现变色现象，并且变色区域开始出现微裂纹，裂纹沿着"孢子"的结合部位发展；随后的盐雾试验过程中，裂纹数量增加，并且逐渐发展为较大的裂纹，裂纹附近分布有凸起的腐蚀产物，如图4.14（c）和图4.14（d）所示。达到168 h时，表面出现许多结晶状的腐蚀产物，同时部分区域已经明显开裂，如图4.14（e）中箭头所示。

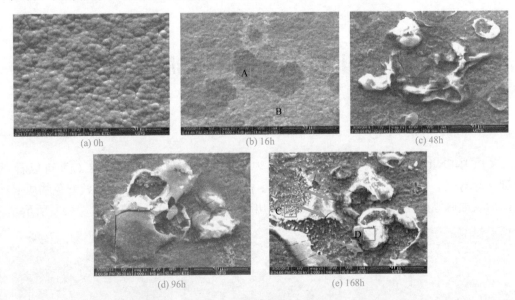

图4.14　PCB-ENIG板不同周期盐雾试验后的SEM微观形貌

表4.4为PCB-ENIG板表面腐蚀产物的EDS分析结果。与B区相比，图中颜色较深A区域氧含量增加，说明Ni层已经发生氧化。对C区结晶状的腐蚀产物EDS分析显示，该物质含有少量的Cl和Cu，表明基底Cu已经发生了电化学腐蚀；并且Ni与O的原子比约为1∶1，可推测腐蚀产物为NiO，由于腐蚀产物体积膨胀导致裂纹长大，最终使Au镀层破裂。与C区相比，D区域Cl含量升高，没有发现Na，并含有大量的Cu元素（Cu与Cl的原子比约为2∶1），根据肖葵等[11]的研究可推测腐蚀产物中含有$Cu_2Cl(OH)_3$。此时Au层完全破裂，而且基底Cu也发生腐蚀，腐蚀产物大量迁出，覆盖在Au镀层上。

表4.4　PCB-ENIG板表面腐蚀产物的EDS分析结果/%

元素	C	O	P	Cl	Ni	Cu	Au
A	23.81	14.58	8.24	—	50.22	—	3.15
B	10.06	4.67	12.01	—	68.95	—	4.31
C	4.56	35.07	6.63	2.84	39.16	8.88	2.86
D	7.24	43.29	0.47	11.23	15.55	22.22	—

4.4.3　腐蚀电化学机制

盐雾腐蚀后PCB-ENIG板的交流阻抗谱如图4.15所示。对于PCB-ENIG，表面存在微孔，并且盐雾试验后在表面会形成腐蚀产物，因此应有三个时间常数。但是在刚开始盐雾试验时，生成的腐蚀产物较少，只反映出两个时间常数；因此对0 h、16 h，用$R_s(Q_0(R_0(Q_{dl}R_{ct})))$等效电路拟合，对48～168 h，用$R_s(Q_0(R_0(Q_f(R_f(Q_{dl}R_{ct})))))$等效电路拟合，其中$Q_0$是由微孔导致的相关电容，$R_0$是微孔引起的电阻，$Q_f$、$R_f$分别是与腐蚀产物相关的电容和电阻，$Q_{dl}$是双电层电容，$R_{ct}$为电荷传递电阻。

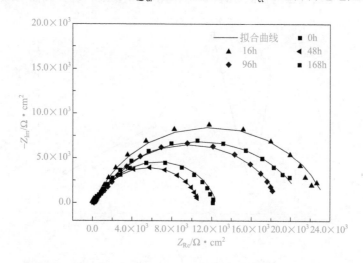

图4.15　不同周期盐雾试验后PCB-ENIG板的EIS结果与拟合曲线

图4.16为PCB-ENIG板在不同周期盐雾试验后的$1/R_{ct}$关系图。可以看出PCB-ENIG板在0～48 h内腐蚀速率呈现先减小后增加的趋势，这是因为镀金板表面存在许多微孔，盐雾试验的起始阶段在微孔附近生成少量的腐蚀产物，可以起到"修复"微孔的作用，从而使腐蚀速率减小；随后由于Cl^-强烈的侵入作用，镀金板表面形成大量较粗的裂纹；腐蚀产物膨胀迁出又加速了腐蚀进程，如图4.14（b）、图4.14（c）所示。在48～168 h期间由于表面形成了很厚的腐蚀产物层，因而腐蚀速率会逐渐减小，但是腐蚀仍在进行，所以腐蚀程度加重，最终由于Ni层腐蚀产物膨胀导致镀Au层脱落，裸露出基底，从而造成电路板失效。

4.4.4　腐蚀失效机制

根据本研究对PCB-ENIG的SEM微观形貌观察及EIS电化学分析，结合Zou等[12]的工作，提出图4.17所示的反应模型。镀金层厚度达到5 μm才能完全消除微孔存在[13]，本研究所使用PCB-ENIG板上镀金层仅为0.02 μm，因此镀金层表面不可避免地存在一些微孔，如图4.17（a）所示。在盐雾条件下，由于Cl^-强烈的入侵作用，将透过微孔，从而对Ni层产生腐蚀。并且由于在微孔处Cl⁻起到电解质的作用，会使Au与Ni层发生电偶腐蚀，从而进一步加速Ni的腐蚀，并萌生出一些微裂纹，由EDS可知腐蚀产物主要为NiO，如图4.17（b）所示。随着盐雾时间的延长，Ni腐蚀加重，腐蚀深度明显加深，逐渐露出基底Cu，从而Cu也发生电化学腐蚀。由于Cu的电极电位比Ni高，因而Cu-Ni也将构成电偶电池，进一步加速Ni层的腐蚀[14]，而Ni腐蚀越严重将露出更多的Cu基底，以此相互促进，如图4.17（c）所示。随后由于腐蚀产物体积膨胀，使微裂纹扩展、变粗，最终使得腐蚀产物脱落，露出Cu基底，使无电镀镍金层失去对基底Cu的保护作用，如图4.17（d）和图4.17（e）所示。

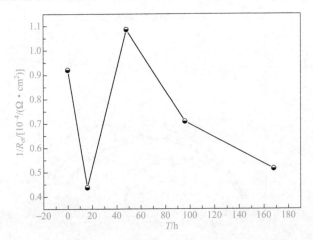

图4.16　PCB-ENIG板在不同周期盐雾试验后的$1/R_{ct}$关系图

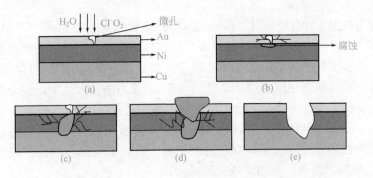

图4.17　PCB-ENIG失效机制模型

参考文献

[1] Huang H L, Guo X P, Zhang G A, et al. The effects of temperature and electric field on atmospheric corrosion behaviour of PCB-Cu under absorbed thin electrolyte layer[J]. Corrosion Science, 2011, 53(5): 1700-1707.

[2]　Huang H L, Dong Z H, Chen Z Y, et al. The effects of Cl⁻ ion concentration and relative humidity on atmospheric corrosion behaviour of PCB-Cu under adsorbed thin electrolyte layer[J]. Corrosion Science, 2011, 53(4): 1230–1236.

[3]　Kratschmer A, Odnevall I, Leygraf Wallinder C. Corrosion Science, 2002, 44: 425.

[4]　Leyfraf C, Graedel T. Atmospheric Corrosion[M]. Pennington: The Electrochemical Society, Inc, 2000.

[5]　Zhong X K, Zhang G A, Qiu Y B, et al. The corrosion of tin under thin electrolyte layers containing chloride[J]. Corros Sci, 2013, 66: 14.

[6]　Mohanty U S, Lin K L. The effect of alloying element gallium on the polarization characteristics of Pb-free Sn-Zn-Ag-Al-XGa solders in NaCl solution[J]. Corros Sci, 2006, 48(3): 662.

[7]　Lee C H, Nam B A, Choi W K, et al. Mn: SnO₂ ceramics as p-type oxide semiconductor[J]. Mater Lett, 2011, 65(4): 722.

[8]　王宏智, 吴强, 张智贤, 等. Ni-Sn-P合金镀层在人工海水中的腐蚀行为及腐蚀机理[J]. 化工学报, 2013, 64(4): 1359.

[9]　Li D Z, Conway P P, Liu C Q. Corrosion characterization of tin-lead and lead free solders in 3.5 wt.% NaCl solution[J]. Corros Sci, 2008, 50(4): 995.

[10]　Jung J Y, Lee S B, Joo Y C, et al. Anodic dissolution characteristics and electrochemical migration lifetimes of Sn solder in NaCl and Na₂SO₄ solutions[J]. Microelectron Eng, 2008, 85(7): 1597.

[11]　肖葵, 董超芳, 郑文茹, 等. 覆铜板在盐雾环境中的腐蚀行为与规律[J]. 稀有金属材料与工程, 2012, 41(增刊. 2): 153.

[12]　Zou S W, Li X G, Dong C F, et al. Electrochemical migration, whisker formation, and corrosion behavior of printed circuit board under wet H₂S environment[J]. Electrochim Acta, 2013, 114: 363.

[13]　Notter I M, Gabe D R. Porosity of electrodeposited coatings: its cause, nature, effect and management[J]. Corros Rev, 1992, 10(3-4), 217.

[14]　Ghosh S K, Dey G K, Dusane R O, et al. Improved pitting corrosion behaviour of electrodeposited nanocrystalline Ni-Cu alloys in 3.0 wt.% NaCl solution[J]. Alloy Compd, 2006, 426(1-2): 235.

第 **5** 章

电子材料在含 SO₂ 盐雾条件下的腐蚀行为

在工业污染的海洋环境中，氯离子往往会与其他污染物，如 SO_2 等，协同作用导致 PCB 发生更加严重的腐蚀失效。PCB 对环境污染物的浓度要求十分苛刻，远低于对人体健康损害的标准量级，如 SO_2 的最高浓度允许值通常设在 30×10^{-9}（体积分数），而对人体健康的标准则设在 1000×10^{-9}（体积分数）[1]。随着中国工业化进程的快速发展，大气环境无法避免地存在不同程度污染，在 PCB 服役条件下，即便极微量的污染介质也会严重损害 PCB 可靠性。

本章采用含 SO_2 盐雾试验模拟研究 PCB 在工业污染的海洋大气环境下的腐蚀行为机理，为 PCB 实际服役环境下的选材和寿命评估提供数据基础和指导。

5.1 试验方法

5.1.1 试验材料及装置

采用 PCB 作为试验材料，印制电路板加工基本参数见表3.1，试样有效尺寸为 10 mm×10 mm。将 PCB 电路板置于图 5.1 所示机箱内，通过螺钉固定在角铁上，每种材料4组平行样。

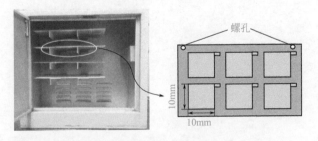

图5.1 PCB盐雾试验机箱示意图

5.1.2　含SO_2盐雾试验方法

采用美国Atlas公司生产的CCX2000盐雾箱进行加速腐蚀试验，盐雾试验按照GB/T 2423.17—2008标准进行。首先将试样用丙酮超声清洗2 min，随后用去离子水清洗，待自然风干后将试样固定在机箱内并将整个机箱置于盐雾箱支架上，试验温度为35 ℃，用5%（质量分数）的NaCl溶液进行连续盐雾试验，并且在试验过程不断通入 SO_2 气体。暴露时间分别为16 h、24 h、48 h、96 h和168 h。盐雾试验后，清洗掉表面附着的沉积盐，吹干，进行表面腐蚀形貌的观测和电化学测试。

5.1.3　分析方法

采用Keyence VHX-2000型体式学显微镜和FEI Quanta 250型环境扫描电镜观察试样表面腐蚀形貌和腐蚀产物生长情况，结合Ametek Apollo-X型EDS能谱分析仪对表面腐蚀产物进行元素成分分析。

EIS的测量仪器为Princeton Applied Research公司生产的2273电化学工作站，采用三电极体系，试样作为工作电极，铂片为辅助电极，饱和甘汞电极(SCE)为参比电极。EIS测试扫描频率为100 kHz ～ 10 MHz，扰动电位10 mV。为确保试验结果可重复性，每条阻抗测量均重复3次。

5.2　PCB-Cu在含SO_2盐雾环境中的腐蚀行为　

5.2.1　腐蚀形貌

PCB-Cu在不同周期含 SO_2 盐雾试验后的宏观形貌如图5.2所示。可以看出，盐雾试验前，试样表面呈黄色，在16 h盐雾试验后，试样出现红绿相间的物质；随着盐雾时间的延长，颜色加深。达到48 h时，试样表面腐蚀产物逐渐转为浅棕色，并且腐蚀产物表面分布许多裂纹。168 h后，试样表面腐蚀产物逐渐转变为红棕色。根据先前研究[2]，试样表面变红主要是由于形成了 Cu_2O，随后部分 Cu_2O 逐渐转变为绿色的 $Cu_4(OH)_6SO_4$、$Cu_2Cl(OH)_3$[3]，从而形成红绿相间的腐蚀产物。但随着试验时间的增加，逐渐生成CuO，同时腐蚀产物层不断变厚，因而造成腐蚀产物颜色加深，形成图5.2（f）所示形貌。

PCB-Cu在不同周期含 SO_2 盐雾试验后的微观形貌如图5.3所示。可以看到，腐蚀初期，试样表面十分平整；酸性盐雾试验16 h后，在Cl⁻的侵蚀作用下，PCB-Cu发生轻微腐蚀，表面分布有少量的腐蚀产物，并且出现许多小的点蚀坑。盐雾试验24 h后，PCB-Cu表面腐蚀产物增加，小的点蚀坑逐渐连接，形成较大的点蚀坑。达到96 h时，试样表面腐蚀面积增大，发展成为均匀腐蚀；168 h时，PCB-Cu已完全腐蚀，表面分布有大量颗粒状的腐蚀产物，如图5.3（e）所示。由于腐蚀产物层较厚，并且较为致密，将对PCB-Cu起到一定的保护作用，可以预测PCB-Cu在后期继续暴露过程中，腐蚀速率将会减慢。

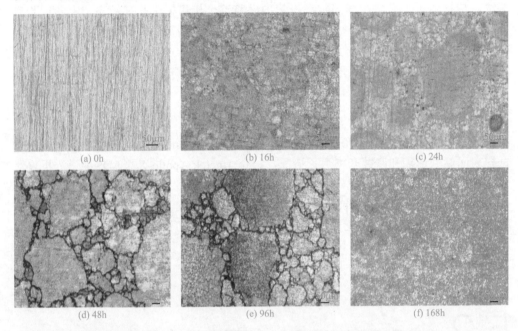

图5.2　PCB-Cu在不同周期含SO₂盐雾试验后的宏观形貌

图5.3　PCB-Cu在不同周期含SO₂盐雾试验后的微观形貌

5.2.2　交流阻抗谱分析

为了研究在含 SO₂ 盐雾环境下暴露不同时间的 PCB-Cu 试样界面反应信息，探究表面腐蚀产物层对基底的保护作用，对试验后的 PCB-Cu 试样进行交流阻抗测量，相应结果如图 5.4 所示。由图 5.4（b）Bode 图可以看出，EIS 表现出两个时间常数，因此用图 5.5 所示等效电路进行拟合。其中 R_s 表示溶液电阻，Q_f 和 R_f 与试样表面的腐蚀产物层有关，Q_{dl} 表示双电层电容，R_{ct} 表示电荷转移电阻。

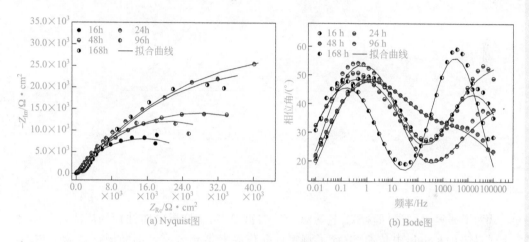

图5.4　PCB-Cu 在含 SO₂ 盐雾试验后的交流阻抗谱及其拟合曲线

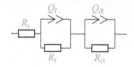

图5.5　EIS 谱拟合等效电路（一）

R_{ct} 反映了界面反应阻力的大小，通常用来表征腐蚀速率的快慢，其值越大，腐蚀速率越小，不同周期 PCB-Cu 试样的 $1/R_{ct}$ 如图 5.6 所示。可以看出在含 SO₂ 盐雾试验初期腐蚀速率较大，随着暴露时间的延长腐蚀速率逐渐减小；24 h 后，腐蚀速率呈现出稍微增加的趋势，但达到 96 h 后，腐蚀速率迅速减小。这种现象可能是因为在试验初期，PCB-Cu 试样表面局部活性位点在酸性环境下，将优先受到 Cl⁻ 的侵蚀而形成小的点蚀坑。由于生成的腐蚀产物累积在点蚀坑处，因而引起随后一段时间内腐蚀速率降低。随着盐雾时间的延长，点蚀坑将不断长大，并且在点蚀坑周围将逐渐萌生新的小点蚀坑，如图 5.3（c）所示，这导致了腐蚀速率逐渐增大。在 96 h 后，PCB-Cu 的腐蚀过程继续加剧，腐蚀产物不断增多，逐渐变得致密，如图 5.3（e）所示，这在一定程度上抑制了 Cl⁻ 的侵入，并且金属离子的水解更加困难，从而引起了腐蚀速率迅速减小。整体而言，在盐雾试验过程中，腐蚀速率呈现减小的趋势，这主要与腐蚀产物的形成有关。

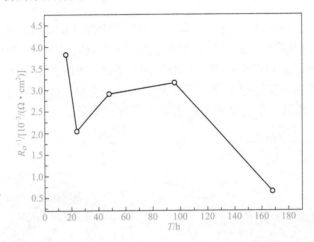

图5.6　在不同含周期SO₂盐雾试验后PCB-Cu试样的1/R_{ct}与时间关系曲线

5.2.3　Kelvin电位

为了研究不同周期含SO₂盐雾试验后的PCB-Cu试样表面腐蚀行为规律，对试验后样品表面Kelvin电位E_{kp}进行了测定，并作高斯拟合分析。不同周期试验后PCB-Cu试样表面Kelvin电位测量结果如图5.7所示，同时结合图5.8可以发现，随时间推移，试样表面电位呈不断升高的趋势，表明试样表面氧化程度不断加剧，氧化膜或/

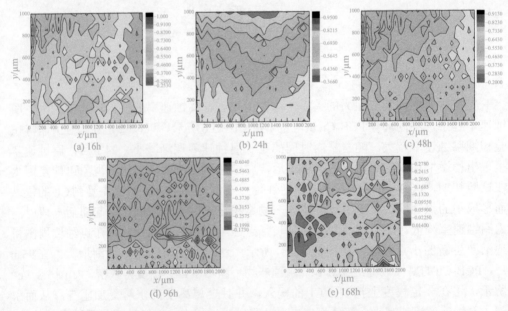

图5.7　不同周期含SO₂盐雾试验后PCB-Cu试样表面Kelvin电位分布

和腐蚀产物膜阻碍了基底电子的逸出过程，整个电位图向暖色调方向发展。而这主要是因为在盐雾环境下，PCB-Cu试样腐蚀不断加剧，表面覆盖腐蚀产物增加。另外，从图5.8可以看出在盐雾时间16 h后，试样表面电位出现稍微降低的现象，这可能与试样表面点蚀的形成有关。结合表5.1数据可以发现，盐雾试验24 h后，试样表面电位分布不均匀，σ数值偏大，表面不同区域间存在较大的电位差，电位低的区域作为阳极优先活化溶解，整个试样处于加速腐蚀状态，随后由于腐蚀产物不断增加，σ值减小。达到168 h后，试样已经完全被腐蚀产物所覆盖，因而表面电位逐渐趋于均匀，σ达到最小值，与图5.3微观腐蚀形貌照片相一致。

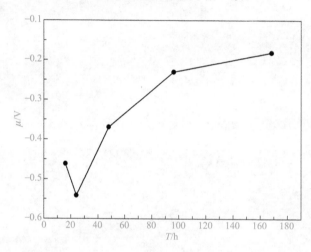

图5.8　PCB-Cu表面Kelvin电位期望随SO₂盐雾试验时间变化曲线

表5.1　不同盐雾试验时间后PCB-Cu试样表面Kelvin电位分布高斯拟合参数

项目	16 h	24 h	48 h	96 h	168 h
μ/V	−0.4611	−0.5414	−0.3689	−0.2299	−0.1813
σ	0.03562	0.07428	0.03446	0.04342	0.02866

5.3 PCB-ImAg在含SO₂盐雾环境中的腐蚀行为

5.3.1　腐蚀形貌

PCB-ImAg在不同周期含SO₂盐雾试验后的宏观形貌如图5.9所示。可以看出，试验16 h后，试样表面被一层浅黄色的物质所覆盖，局部区域出现明显的"斑状"红棕色物质，这主要是由于含Cl⁻电解质通过微孔渗入到基底，引发微孔腐蚀，微孔处基底Cu的腐蚀产物向外迁移，继而形成斑状的腐蚀区，事实上，随着电解质液的渗入将引起Ag/Cu电偶腐蚀，从而进一步加速基底腐蚀。随着盐雾时间的延长，试样表面颜色加深，斑状腐蚀区变大。48 h时，试样表面部分腐蚀产物逐渐转为黑色，并且随后黑色腐蚀产物不断增多。168 h时，试样表面几乎完全被黑色腐蚀产物所覆盖。这可能主要是由于在试验后期覆盖在试样表面的Cu腐蚀产物氧化程度加深（逐渐转变为CuO），因而导致试样表面变黑。此外Ag在盐雾环境下也会发生氧化，生成AgO等黑色腐蚀产物，从而导致腐蚀产物颜色加深。

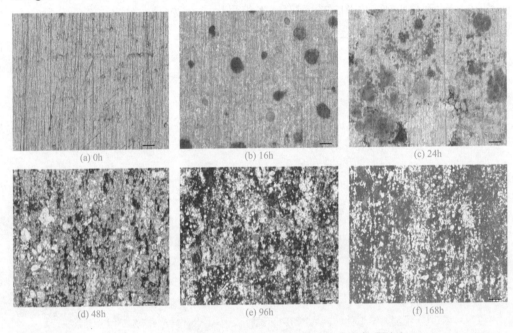

图5.9 PCB-ImAg在不同周期含SO_2盐雾试验后的宏观形貌

PCB-ImAg在不同周期含SO_2盐雾试验后的微观形貌如图5.10所示。试验前，试样表面十分平整；试验16 h后，试验表面零星地分布有颗粒状的腐蚀产物，随后腐蚀产物逐渐增加，如图5.10（b）～（d）所示。96 h后，颗粒状腐蚀产物逐渐增大，腐蚀产物更加致密。为了进一步研究PCB-ImAg表面腐蚀产物成分，对其进

 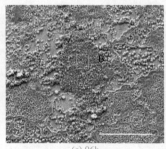 

(d) 48h　　　　　　　　　(e) 96h　　　　　　　　　(f) 168h

图5.10　PCB-ImAg在不同周期含SO₂盐雾试验后的微观形貌

行EDS分析。从表5.2的EDS分析结果可以看出，随着盐雾时间的延长，腐蚀产物中Cu元素逐渐增多，Ag元素逐渐减少。这表明基底Cu腐蚀不断加剧，腐蚀产物不断向外迁移，累积在试样表面，从而引起上述现象；此外可以由此推断出PCB-ImAg表面腐蚀产物主要为Cu的腐蚀产物。

表5.2　PCB-ImAg盐雾试验后的腐蚀产物EDS分析结果/%

元素	O	Cu	S	C	Ag	Cl
A	42.75	33.26	0.28	5.32	17.84	0.55
B	46.67	39.06	0.18	3.15	10.72	0.22
C	36.82	56.34	0.26	3.75	2.31	0.52

5.3.2　交流阻抗谱分析

为了研究在含SO₂盐雾环境下暴露不同时间的PCB-ImAg试样界面反应信息，探究表面腐蚀产物层对基底的保护作用，对含SO₂盐雾试验后的PCB-ImAg试样进行交流阻抗测量，相应结果如图5.11所示。由5.11（b）Bode图可以看出，EIS表现出两

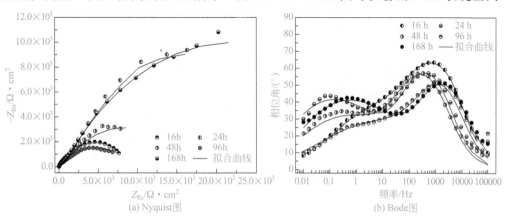

(a) Nyquist图　　　　　　　　　　　　　　(b) Bode图

图5.11　PCB-ImAg试样盐雾试验后的交流阻抗谱及其拟合曲线

个时间常数，因此用图5.12所示等效电路进行拟合。其中R_s表示溶液电阻，Q_f和R_f与试样表面的腐蚀产物层有关，Q_{dl}表示双电层电容，R_{ct}表示电荷转移电阻。

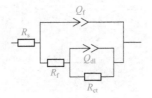

图5.12　EIS谱拟合等效电路（二）

R_{ct}反映了界面反应阻力的大小，通常用来表征腐蚀速率的快慢，其值越大，腐蚀速率越小。不同周期PCB-ImAg试样的$1/R_{ct}$如图5.13所示，可以看出在外场暴露初期腐蚀速率较大，随着暴露时间的延长腐蚀速率减小；24 h后，腐蚀速率呈现出稍微增加的趋势，但达到96 h后，腐蚀速率迅速减小。这种现象解释如下：在试验初期，由于Ag镀层很薄，不可避免地存在许多微孔，在SO_2的活化作用下，含氯电解质通过微孔逐渐渗入微孔内部，引起基底Cu发生腐蚀；此外Ag/Cu在电解质的作用下，构成腐蚀电偶，加速基底的腐蚀；另外，Ag镀层在空气中也将发生氧化，因而在试验初期腐蚀速率较快。随后由于PCB-ImAg表面优先发生腐蚀的微孔处不断累积腐蚀产物，造成"新鲜"基底与电解质隔离；并且在一定程度上也将抑制溶解的金属离子的水化过程，因而使得腐蚀速率减小。24 h后，在Cl^-的不断侵蚀作用下，大部分镀层区域均发生腐蚀，腐蚀产物不断增加；并且先前产生的腐蚀产物发生溶解，形成更为稳定的黑色腐蚀产物，如图5.9所示，因而引起腐蚀速率增大。96 h后，由于腐蚀产物逐渐转变为更为稳定的黑色腐蚀产物，并且腐蚀产物层较厚，这

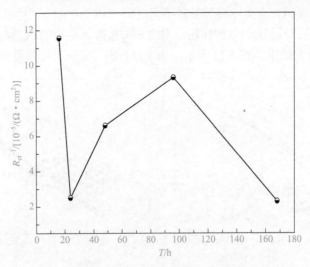

图5.13　不同盐雾试验时间后PCB-ImAg试样的$1/R_{ct}$

对基底起到了很好的保护作用，导致腐蚀速率减小。

5.3.3　Kelvin电位

为了研究不同周期含 SO_2 盐雾试验后的PCB-ImAg试样表面腐蚀行为规律，对试验后样品表面Kelvin电位 E_{kp} 进行了测定，并作高斯拟合分析。不同周期含 SO_2 盐雾试验后PCB-ImAg试样表面Kelvin电位测量结果如图5.14所示，结合图5.15可以发现，试验前期，试样表面电位呈不断升高的趋势，表明试样表面氧化程度不断加剧，腐蚀产物膜层阻碍了基底电子的逸出过程，整个电位图向暖色调方向发展；随后表面电位降低，达到96 h后，又出现反转现象。该现象可以解释如下：试验初期，PCB-ImAg表面存在微孔，电解质渗入微孔，使得试样具有较高的活性，因而表面Kelvin电位较低；随后腐蚀产物不断累积在微孔处，引起表面电位升高。但随着盐雾时间的延长，整个试样表面开始发生腐蚀，此时Ag镀层逐渐失去对基底的保护作用，电子逸出过程变得容易，因而出现表面电位降低的现象。在96 h后，随着腐蚀产物层逐渐增厚，又使得表面电位升高。可以预测在随后盐雾试验过程中，表面电位将继续升高，腐蚀产物将对基底起到一定的保护作用。另外从表5.3数据可以发现，盐雾时间96 h后，试样表面电位分布不均匀，σ 数值偏大，表面不同区域间存在较大的电位差，这主要是因为此时试样整个表面均发生腐蚀。由于整个试样处于加速腐蚀状态，腐蚀产物不断增加，因而造成168 h后 σ 值减小，与图5.10微观腐蚀形貌照片相一致。

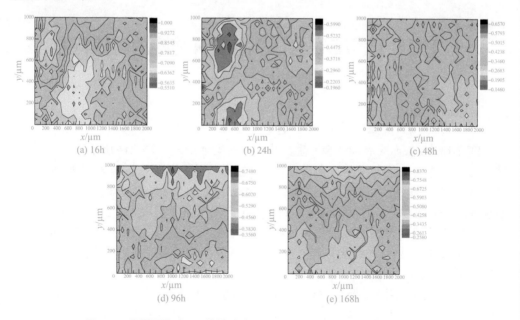

图5.14　不同周期含 SO_2 盐雾试验后PCB-ImAg试样表面Kelvin电位分布

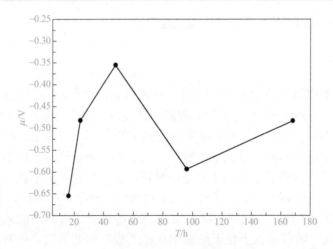

图5.15　PCB-ImAg表面Kelvin电位期望随盐雾时间变化曲线

表5.3　不同盐雾试验时间后PCB-ImAg试样表面Kelvin电位分布高斯拟合参数

项目	16 h	24 h	48 h	96 h	168 h
μ/V	−0.6548	−0.4818	−0.3555	−0.5932	−0.4825
σ	0.05241	0.0449	0.05405	0.06287	0.03839

5.4　PCB-ENIG在含SO_2盐雾环境中的腐蚀行为 ◁◁◁

5.4.1　腐蚀形貌

　　PCB-ENIG在不同周期含SO_2盐雾试验后的宏观形貌如图5.16所示。可以看出，试验前，试样表面十分平整，在进行含SO_2盐雾试验16 h后，试样表面出现少量的点蚀坑，随后点蚀坑不断变大，数量增多。48 h后，PCB-ENIG表面分布有一些绿色的腐蚀产物；随着盐雾时间的延长，绿色腐蚀产物覆盖面积增大；在168 h盐雾试验后，几乎整个试样表面均被绿色腐蚀产物所覆盖。上述现象表明PCB-ENIG在盐雾环境下（同时通入SO_2）主要以微孔腐蚀的形式发生失效。根据先前研究[2]，绿色腐蚀产物主要为$Cu_4(OH)_6SO_4$、$Cu_2Cl(OH)_3$[3]。

　　PCB-ENIG在不同周期含SO_2盐雾试验后的微观形貌如图5.17所示。在16 h含SO_2盐雾试验后，试样表面局部区域优先发生腐蚀，如图5.17（b）所示。随着试验时间的延长，腐蚀面积增大，腐蚀程度加剧，试样表面局部区域分布有颗粒状腐蚀产物，如图5.17（c）～（e）所示。168 h后，腐蚀产物脱落，露出基底，并且基底上分布有明显的微孔腐蚀坑。为了进一步研究PCB-ENIG表面腐蚀产物成分及其腐蚀类型，对其进行EDS分析，如表5.4所示。从表5.4可以看出，A和B区域

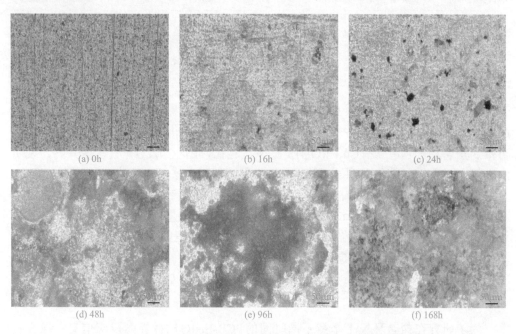

图5.16　PCB-ENIG在不同周期含SO₂盐雾试验后的宏观形貌

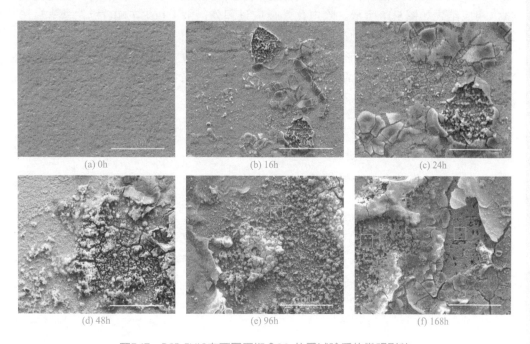

图5.17　PCB-ENIG在不同周期含SO₂盐雾试验后的微观形貌

表5.4　PCB-ENIG盐雾试验后的腐蚀产物EDS分析结果/%

元素	C	O	S	P	Cl	Ni	Cu	Au
A	7.65	29.04	0.15	4.06	6.51	36.69	11.42	4.48
B	4.93	39.20	0.08	7.05	5.61	23.72	18.19	1.22
C	1.97	6.41	0.64	0.93	0.53	1.87	85.87	1.78

均含一定量Cl元素，且A区域Cu/Cl的原子比约为2:1，表明腐蚀产物中可能含有 $Cu_2Cl(OH)_3$，此外根据腐蚀产物宏观形貌（图5.16）可知腐蚀产物呈现出绿色，因此可推断出腐蚀产物应含有 $Cu_2Cl(OH)_3$。与A区相比，B区Cu及O元素含量升高，表明 PCB-ENIG随着盐雾时间延长，基底Cu氧化程度加剧。值得注意的是C区EDS显示含有大量的Cu，而Ni含量较少，表明在168 h后，局部区域镀层完成脱落，基底Cu直接暴露在外界环境。与C区相比，B区含有较多Ni以及一定量的Cu，这表明在盐雾试验过程中，PCB-ENIG主要以微孔腐蚀的形式进行，并且基底Cu腐蚀产物通过微孔不断向外迁移，堆积在试样表面B区域。

5.4.2　交流阻抗谱分析

为了研究在盐雾环境下暴露不同时间的PCB-ENIG试样界面反应信息，探究表面腐蚀产物层对基底的保护作用，对盐雾试验后的PCB-ENIG试样进行交流阻抗测试，相应结果如图5.18所示。除电化学反应过程外，由于PCB-ENIG板在盐雾试验过程中发生微孔腐蚀，腐蚀产物覆盖在微孔处，引起EIS另一弛豫过程，因而盐雾试验后的PCB-ENIG板在溶液中的EIS应有两个时间常数。用图5.19所示等效电路进行拟合。其中 R_s 表示溶液电阻，Q_f 和 R_f 与试样表面的腐蚀产物层有关，Q_{dl} 表示双电层电容，R_{ct} 表示电荷转移电阻。

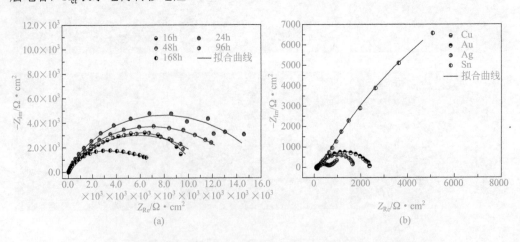

图5.18　PCB-ENIG试样在含 SO_2 盐雾试验后的交流阻抗谱及其拟合曲线

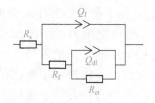

图5.19　EIS谱拟合等效电路（三）

R_{ct} 反映了界面反应阻力的大小，通常用来表征腐蚀速率的快慢，其值越大，腐蚀速率越小，不同周期PCB-ENIG试样的 $1/R_{ct}$ 如图5.20所示。可以看出在外场暴露初期腐蚀速率较大，随着暴露时间的延长腐蚀速率减小；24 h后，腐蚀速率又呈现出增加的趋势。这种现象解释如下：在试验初期，由于Au镀层很薄，不可避免存在许多微孔，在 SO_2 的活化作用下，含氯电解质通过微孔逐渐渗入微孔内部，引起Ni层（甚至基底Cu）发生腐蚀；此外Au/Ni、Au/Cu在电解质的作用下，构成腐蚀电偶，加速基底的腐蚀，因而在试验初期腐蚀速率较快。随后由于PCB-ENIG表面优先发生腐蚀的微孔处不断累积腐蚀产物，造成微孔内Ni层与电解质隔离；并且在一定程度上也将抑制镍离子及铜离子的水化过程，因而使得腐蚀速率减小。24 h后，在Cl⁻的不断侵蚀作用下，大部分镀层区域微孔处均发生严重腐蚀；甚至在96 h后局部微孔区域腐蚀产物萌生裂纹、脱落，裸露出基底Cu［图5.17（e）］，因而腐蚀速率在随后试验时间呈现逐渐增加的趋势。

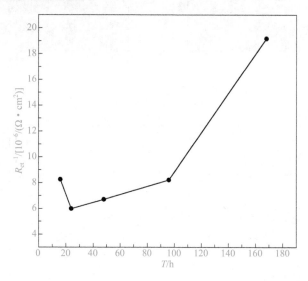

图5.20　含SO₂盐雾试验后PCB-ENIG试样的 $1/R_{ct}$ 与时间关系曲线

5.4.3　Kelvin电位

为了研究不同周期含 SO_2 盐雾试验后的PCB-ENIG试样表面腐蚀行为规律，对试验后样品表面Kelvin电位E_{kp}进行了测定，并作高斯拟合分析。不同周期含SO_2盐雾试验后PCB-ENIG试样表面Kelvin电位测量结果如图5.21所示，结合图5.22可以发现，试验前期，试样表面电位呈不断升高的趋势，随后逐渐减小。该现象主要原因：试样在试验初期发生微孔腐蚀，腐蚀产物不断在微孔处累积，阻碍试样表面电子的逸出过程，整个电位图向暖色调方向发展；随后由于试样腐蚀加剧，腐蚀产物膨胀导致萌生微裂纹，腐蚀产物脱落，裸露出基底，造成电子逸出过程变得容易，试样表面电位降低，腐蚀倾向增大。另外值得注意的是图5.21（e），试样表面局部区域呈冷色调，表面电位较低，形成了明显的微孔腐蚀坑，这主要是由于试验后期腐

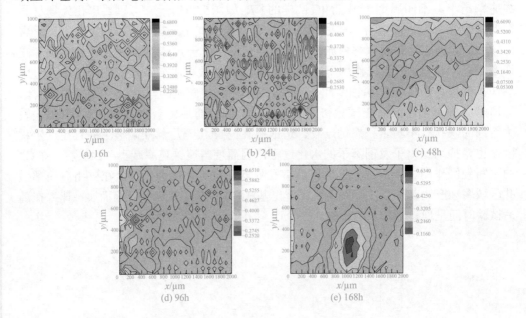

图5.21　不同周期含SO_2盐雾试验后PCB-ENIG试样表面Kelvin电位分布

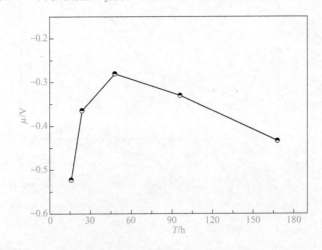

图5.22　PCB-ENIG表面Kelvin电位期望随含SO_2盐雾时间变化曲线

蚀产物脱落引起的，与图5.17（f）所示试样微观形貌相一致。另外从表5.5数据可以发现，拟合标准差σ起初减小，随后增大；这也表明PCB-ENIG试样在后期由于腐蚀产物脱落，基底Cu裸露后，腐蚀倾向增加。可以预测，若再继续延长盐雾时间，PCB-ENIG板裸露基底处将快速腐蚀，引起电路板失效。

表5.5　PCB-ENIG试样表面Kelvin电位分布高斯拟合参数

项目	16 h	24 h	48 h	96 h	168 h
μ/V	−0.522	−0.364	−0.280	−0.329	−0.433
σ	0.0501	0.0274	0.0210	0.0373	0.0688

5.5 PCB-HASL在含SO₂盐雾环境中的腐蚀行为 ◁◁◁

5.5.1 腐蚀形貌

PCB-HASL在不同周期含SO₂盐雾试验后的宏观形貌如图5.23所示。可以看出，试验前，试样表面十分平整；在进行盐雾试验16 h后，试样表面逐渐转变为棕黄色，随后颜色加深；48 h后，表面出现许多点蚀坑，随着盐雾时间的延长，点蚀坑变大，

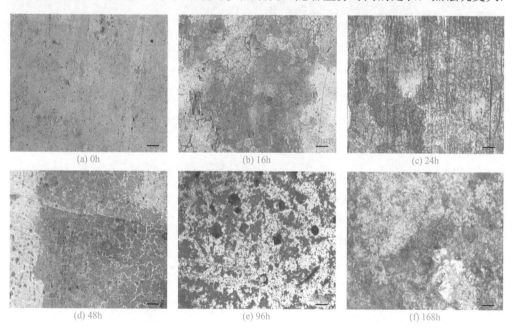

(a) 0h　　　　(b) 16h　　　　(c) 24h

(d) 48h　　　　(e) 96h　　　　(f) 168h

图5.23　PCB-HASL在不同周期含SO₂盐雾试验后的宏观形貌

试样表面腐蚀产物增加。168 h后，表面点蚀坑相连接，转变为均匀腐蚀。以上现象表明PCB-HASL在盐雾环境下（通入SO_2）起初主要发生点蚀，随后转变为均匀腐蚀，进而引起电路板失效。

PCB-HASL 在不同周期含SO_2盐雾试验后的微观形貌如图5.24所示。在16 h含SO_2盐雾试验后，试样表面局部区域优先发生腐蚀，少量腐蚀产物分布在试样表面，如图5.24（b）所示。在24～96 h内，试样腐蚀程度加剧，表面的"雪花状"腐蚀产物增加，且较为疏松，如图5.24（c）～（e）所示。96 h后，腐蚀产物变厚，几乎完全覆盖PCB-HASL，这对基底将起到一定的保护作用。此外，在Cl^-及SO_2的不断侵蚀作用下，大量腐蚀产物堆积在试样表面，腐蚀产物膨胀引起开裂，脱落，裸露出基底Cu，而基底Cu在盐雾环境下（含SO_2），Cu发生腐蚀，生成更为致密的颗粒状的腐蚀产物，如图5.24（f）所示。

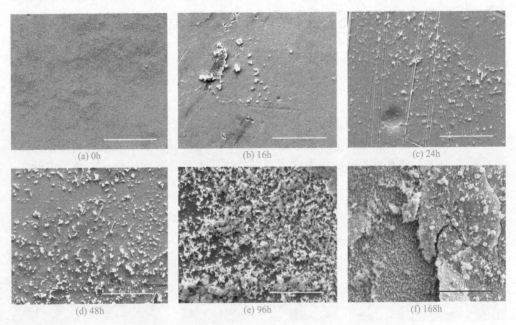

(a) 0h   (b) 16h   (c) 24h

(d) 48h   (e) 96h   (f) 168h

图5.24　PCB-HASL在不同周期含SO_2盐雾试验后的微观形貌

为了进一步研究PCB-HASL表面腐蚀产物成分及其腐蚀类型，对其进行EDS分析，结果如表5.6所示。从表5.6可以看出，A区Na含量较少，而Cl较多，并且含有一定量的Cu、Sn元素，表明腐蚀产物中应有Cu或Sn的氯化物。与B区域相比，C区含有大量Cu元素，表明腐蚀产物脱落，裸露出了基底Cu，并且Cu已经氧化，形成了致密的腐蚀产物，与图5.24（f）一致。

5.5.2　交流阻抗谱分析

为了研究在含SO_2盐雾环境下暴露不同时间的PCB-HASL试样界面反应信息，

探究表面腐蚀产物层对基底的保护作用，对含 SO$_2$ 盐雾试验后的 PCB-HASL 试样进行交流阻抗测试，相应结果如图 5.25 所示。从图 5.25（b）Bode 图可以看出试样在盐雾试验后的交流阻抗含有两个时间常数，因而用图 5.26 所示等效电路进行拟合。其中 R_s 表示溶液电阻，Q_f 和 R_f 与试样表面的腐蚀产物层有关，Q_{dl} 表示双电层电容，R_{ct} 表示电荷转移电阻。

表5.6　PCB-HASL盐雾试验后的腐蚀产物EDS分析结果/%

元素	C	O	S	Cl	Na	Sn	Cu
A	4.36	35.79	0.46	8.48	1.23	45.11	4.57
B	4.61	33.77	0.37	14.02	2.01	42.14	3.08
C	6.80	23.39	0.32	1.72	0.89	32.49	34.39

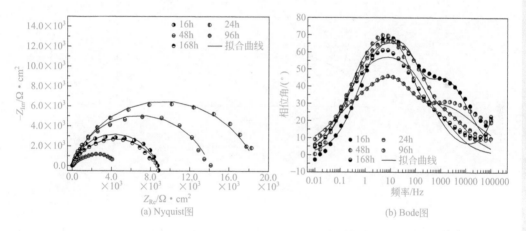

(a) Nyquist图　　　　(b) Bode图

图5.25　PCB-HASL试样在含SO$_2$盐雾试验后的交流阻抗谱及其拟合曲线

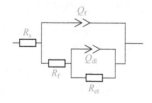

图5.26　EIS谱拟合等效电路（四）

R_{ct} 反映了界面反应阻力的大小，通常用来表征腐蚀速率的快慢，其值越大，腐蚀速率越小，不同周期 PCB-HASL 试样的 $1/R_{ct}$ 如图 5.27 所示。可以看出在外场暴露初期腐蚀速率较大，随着暴露时间的延长腐蚀速率减小；24～96 h 内，腐蚀速率呈现出增加的趋势；但随后腐蚀速率又逐渐减少。这种现象解释如下：在试验初期，PCB-HASL 完全暴露在盐雾环境下（含 SO$_2$），试样表面活性位点优先发生破坏，形成亚稳态的点蚀活性点，因而腐蚀速率较大；随后部分亚稳态点蚀逐渐"自愈"，而另一部分发展成为小点蚀坑，由于腐蚀产物在这些点蚀坑中堆积，如图5.23（c）所示，引起腐蚀速率减小。24 h后，点蚀坑逐渐增加，并且先前小点蚀坑逐渐变大，如图5.23（d）和图5.23（e）所示，引起腐蚀速率出现增加的趋势。96 h后，点蚀坑逐渐连接，试样表面覆盖一层较厚腐蚀产物层，并且基底Cu发生电化学腐蚀形成较致密的腐蚀产物层，因而在试验后期腐蚀速率减小。可以预测再继续延长试验时间，由于致密的Cu腐蚀产物的保护，PCB-HASL腐蚀速率将维持在较低值。

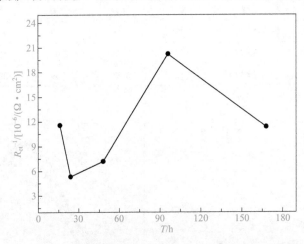

图5.27　不同盐雾试验时间后PCB-HASL试样的$1/R_{ct}$

5.5.3　Kelvin电位

为了研究不同周期含SO_2盐雾试验后的PCB-HASL试样表面腐蚀行为规律，对试验后样品表面Kelvin电位E_{kp}进行了测定，并作高斯拟合分析。不同周期含SO_2盐雾试验后PCB-HASL试样表面Kelvin电位测量结果如图5.28所示，结合图5.29可以发现，试验前期，试样表面电位呈不断降低的趋势，表明电子的逸出过程比较容易，整个电位图向冷色调方向发展；随后表面电位不断升高。该现象可以解释如下：试验初期，PCB-HASL表面逐渐萌生点蚀，表面活性较高；随后亚稳态点蚀逐渐发展成为小点蚀坑，造成试样表面电位逐渐降低。此后PCB-HASL腐蚀程度加剧，点蚀坑相互连接，发展成为均匀腐蚀，试样表面逐渐覆盖一层较厚腐蚀产物层；并且疏松腐蚀产物脱落后基底Cu发生腐蚀形成更加致密腐蚀产物层，造成表面电位升高。从图5.28（b）也可以看出，试样在24 h时，表面已有点蚀形成，试样表面活性较高，这与宏观形貌相一致。另外从表5.7数据可以发现，初期试样表面拟合标准差较大，表面电位分布不均匀，电位较低处作为阴极优先发生腐蚀；而试验后期，由于表面覆盖有较厚腐蚀产物层以及更为致密的Cu腐蚀产物，造成表面电位趋于平均。

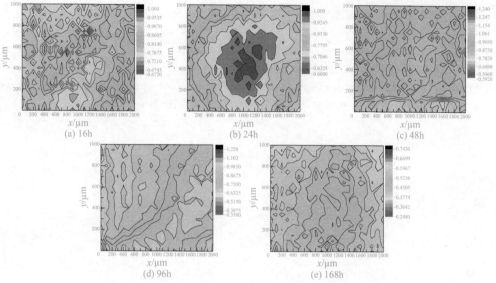

图5.28　不同周期含SO$_2$盐雾试验后PCB-HASL试样表面Kelvin电位分布

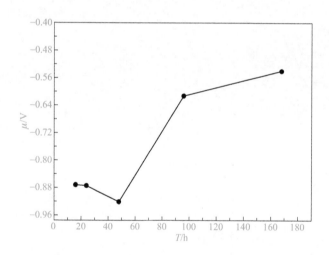

图5.29　PCB-HASL表面Kelvin电位期望随盐雾时间变化曲线

表5.7　PCB-HASL试样表面Kelvin电位分布高斯拟合参数

项目	16 h	24 h	48 h	96 h	168 h
μ/V	−0.8721	−0.8745	−0.9214	−0.6130	−0.5401
σ	0.06031	0.09246	0.07718	0.01059	0.04953

参考文献

[1] Leygraf C, Graedel T. Atmospheric corrosion[M]. New York: John Wiley&Sons, 2005.

[2] 范崇正, 王昌燧, 赵化章, 等. 氯化亚铜氧化反应的化学动力学初探[J]. 物理化学学报, 1992, 8(5): 685-689.

[3] Fitzgerald K, Nairn J, Skennerton G, et al. Atmospheric corrosion of copper and the colour, structure and composition of natural patinas on copper[J]. Corrosion science, 2006, 48(9): 2480-2509.

第 *6* 章
大气颗粒物作用下的腐蚀行为与机理

　　由于工业生产、汽车尾气、扬尘等诸多人为因素，每年会产生大量的大气颗粒物，它们具有复杂的成分，这些大气颗粒物对电子材料的使用寿命产生了严重威胁，有文献表明在中国的连接器失效调查中，有超过60%的腐蚀产物含有灰尘的元素[1]。大气腐蚀主要归因于相对湿度、温度和大气污染物（Cl^-，SO_4^{2-}，SO_2等）的协同效应[2]。因此大气颗粒物的存在加速电子元件的大气腐蚀，尤其目前困扰大家的PM2.5现象，因其空气动力学当量直径 ≤ 2.5 μm 的固体颗粒物而得名。PM2.5颗粒物本身是有害物质，有的也可成为有毒物质的载体，它不仅对人体危害巨大，给暴露在大气中的电子材料也带来十分严重的危害[3]，因此研究颗粒物对PCB的腐蚀也是非常有意义的。

　　近几年国内外有很多关于大气颗粒物在金属和电子器件腐蚀行为中影响的研究。大气颗粒物沉积在金属表面后，在一定的温度和湿度条件下，颗粒物所包含的可溶性盐溶解于吸附在金属表面的水膜中，使之变成电解液，从而使金属发生电化学腐蚀，并在金属表面形成大量的绝缘性腐蚀产物[4]。颗粒物大气腐蚀与单纯大气腐蚀的区别在于，颗粒物大多疏松多孔，易于吸附大气中的水分子，使金属表面在相对湿度较低的环境中，也能够形成连续的水膜，从而大大增加了金属腐蚀的概率。在吸附大气中的水分子的同时，颗粒物还会吸附大气中的污染性气体，如SO_2、NO_x等，这些污染性气体溶解于水膜中会形成更具有腐蚀性的电解质溶液，加速金属材料的电化学腐蚀。而雾霾颗粒物相对于平时所见的尘土颗粒，化学成分更为复杂，含有更多的可溶性盐，其产生的腐蚀效果更为强烈。总地来说，大气颗粒物在金属材料的腐蚀过程中，不仅加速了金属材料的腐蚀，同时也参与了腐蚀过程。

　　本章研究北京地区不同粒径大气颗粒物对PCB-Cu大气腐蚀行为影响的差异。北京地区的秋冬季节存在着非常严重的雾霾天气，而雾霾的成分则主要以PM10和PM2.5为主。由于北京雾霾的成因非常复杂，所形成的大气颗粒物也具有着复杂的化学组成，这些微小的大气颗粒物非常容易通过孔隙进入电子元器件内部，然后沉积在其表面，在一定条件下会导致电子元器件的失效，因此需要对北京地区的大气颗粒物对PCB-Cu大气腐蚀行为的影响做进一步的探究。

6.1 北京地区颗粒物腐蚀行为与机理 ◁◁◁

6.1.1 颗粒物形貌与成分

图6.1为北京地区不同粒径大气颗粒物的SEM形貌图，从图中可以看出不同粒径的颗粒物之间的形貌存在着比较明显的差别，较小粒径的颗粒物（1 μm和2 μm）其表面形貌比较规则，表面光滑，形状通常比较接近球形，而较大粒径的颗粒物（5 μm和10 μm）其形状相对来说不是很规则，表面比较粗糙，存在着很多的孔隙，这种粗糙多孔的表面形貌与活性炭类似，因此其相对来说会有比较好的物理吸湿性能。

(a) 1μm (b) 2μm

(c) 5μm (d) 10μm

图6.1 北京地区不同粒度大气颗粒物的SEM形貌图

将不同粒径的大气颗粒物收集并使用EDS分析其元素，结果如表6.1所示。可以看出，北京地区的大气颗粒物中普遍含有大量的N和S元素，这与大气环境分析中所述的北京地区大气颗粒物爆发是由于硫氧化物和氮氧化物催化氧化形成盐所致相一致，同时大气颗粒物中还有大量的Cl元素，Cl元素很有可能来源于北京周围的工业生产，这部分元素一方面有可能是工业排放产生的细小颗粒物中直接携带，另一方面有可能是Cl元素以污染性气体的形式存在，之后被大气中的颗粒物所吸附所致。其他元素如Si、Mg、Na等地壳中富含的元素很有可能是来源于灰尘。从元素分布来看，N和S元素在小颗粒物中含量比较丰富，而Cl元素在大颗粒物中含量比较丰富。

表6.1　北京不同粒径大气颗粒物EDS测试结果表/%

元素	C	N	O	Na	Mg	S	Cl	K	Si
10 μm	36.91	5.60	24.04	21.36	2.88	1.75	7.46	—	—
5 μm	34.79	5.34	40.65	—	6.17	3.40	—	—	9.65
2 μm	29.25	17.18	34.43	2.65	0.84	8.12	0.88	1.53	5.12
1 μm	36.42	12.54	29.76	4.01	1.05	9.93	2.69	1.36	2.24

　　大气颗粒物对腐蚀的最重要的贡献在于其所含的可溶性盐可以吸湿并且能够形成电解质，因此将收集到的不同粒径大气颗粒物使用离子色谱仪，按照国家环境保护标准HJ 799—2016和HJ 800—2016分析其中的可溶性离子的含量，其测试结果如表6.2所示。

表6.2　北京不同粒径大气颗粒物离子色谱测试结果表

离子/(mg/g)	NH_4^+	Ca^{2+}	Cl^-	NO_3^-	SO_4^{2-}	总量
10 μm	128	4.32	5.48	2.14	75.3	215.24
5 μm	91.4	23.6	3.2	53	111	282.2
2 μm	51.6	45	64.3	55.1	12.4	228.4
1 μm	75.7	29.3	91.7	65.1	11.5	273.3

　　从表6.2可以看出，NH_4^+在所有粒径的大气颗粒物中都大量存在，Cl^-和NO_3^-则大量存在于较小粒径的大气颗粒物中，在大粒径颗粒中含量较少，而SO_4^{2-}则大量存在于大粒径颗粒物中，在小颗粒物中的含量较少。但是能谱测试结果中，Cl元素在大颗粒物中含量较多，S元素在小颗粒物中含量较多，因此Cl元素在大颗粒物中以及S元素在小颗粒物中的主要存在形态并非可溶的Cl^-和SO_4^{2-}。从离子总量上来看，不同粒径颗粒物所含离子总量差别不是非常大，总体上在颗粒物总量的25%左右，其他成分多为不溶的物质。

6.1.2　颗粒物腐蚀形貌

　　将不同粒径的颗粒物撒在PCB-Cu板上，然后将其置于40℃、60%RH的恒定湿热环境下进行24 h的室内腐蚀模拟试验，使用激光共聚焦显微镜观察其形貌，使用激光拉曼光谱分析其腐蚀产物成分。

　　1 μm、2 μm、5 μm、10 μm的大气颗粒物腐蚀试验结果的激光共聚焦形貌图分别如图6.2所示。从图可以看出，粒径为1 μm和2 μm的较小粒径颗粒物容易在其周围吸湿，产生的水痕尺寸较小，一般不会超过颗粒物尺寸的一半大小，这说明小颗粒物的吸湿能力很强，但是其吸附的数量受限于其尺寸，影响范围很小；5 μm的颗粒物在室内模拟试验过程中，周围的腐蚀区域的发展比较稳定，其周围出现明显的腐蚀区域，同时腐蚀区域在稳定地扩展，最后形成一个较大的腐蚀区域，其大小可以达到颗粒物本身直径的三倍。这可能是因为较大的颗粒物能够吸附形成较大的微液滴，较大的液滴受到的重力作用更加明显，其表面张力不足以维持其紧紧吸附在颗粒物表面的形状，最后在试样表面平摊开来，形成了较大的腐蚀区域。10 μm 颗粒物的腐蚀过程与 5 μm 颗粒物类似，其最终影响的面积也更大，但是总体上来说其腐蚀初期的发展相对于其他颗粒物来说更慢，即在前期其周围液滴形成的速度较慢，但是在形成液滴之后，腐蚀区域的扩展速度又非常快，而且扩展的面积非常大，这可能是因为大颗粒物周围需要吸附足够多的液体，才能形成完整的微液滴，在微液滴形成后，其在重力作用下迅速变形、垮塌，形成扩展在颗粒物周围的较大的薄液膜区域。

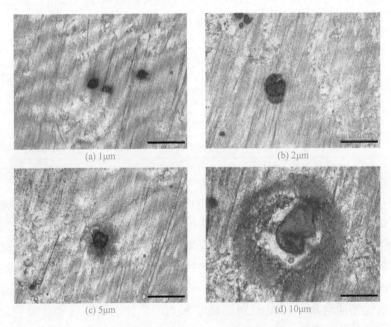

(a) 1μm   (b) 2μm

(c) 5μm   (d) 10μm

图6.2　北京大气颗粒物24h室内模拟腐蚀试验

图6.3（a）所示为沉积了 1 μm 颗粒的试样在室内腐蚀24 h后的SEM形貌图，从图中可以看出，在紧靠颗粒物周围大约 1 ~ 2 μm 的范围内，形成了很多凹凸不平的腐蚀产物，其中部分腐蚀产物还发生了开裂的现象；图6.3（b）~（h）为图6.3（a）中的元素分布图，从O的分布可以很明显地看出颗粒物及腐蚀产物的分布与之相同，说明确实是在颗粒物周围形成了比较严重的腐蚀现象，而S元素的分布与O元素的分布几乎相同，说明腐蚀产物和颗粒物中都含有大量的S元素，S元素参与到了PCB-Cu 的腐蚀过程中，而C元素也与S、O元素的分布类似，但是其范围比S、O元素要小一些，说明C元素是颗粒物中所含元素，但是它没有参与形成腐蚀产物。N、Cl元素的分布在除了颗粒物的附近某些区域之外的其他区域中都有存在，而这个元

素含量较低的区域在 S、O 的分布图中也可以很明显地观察到，并且总是处在颗粒物的左下方固定区域，这说明这个阴影区域不是由于元素稀少所引起的，而是颗粒物的形状导致部分区域激发的电子不能传递出来所致，其余区域的信号属于背景噪声，由此可以认为 N、Cl 元素在该区域并不存在。而 Si 元素存在于颗粒物的小部分区域，说明颗粒物中存在 Si，但是不参与腐蚀，但有可能作为核心吸附其他元素，或者作为雾霾颗粒形成的核。图 6.4 为 2 μm 颗粒沉积在 PCB-Cu 表面并腐蚀 24 h 后的 SEM 形貌图以及元素分布图，其腐蚀形貌以及元素的分布均与 1μm 试样类似，由此可以看出小粒径颗粒物的腐蚀过程基本是类似的。

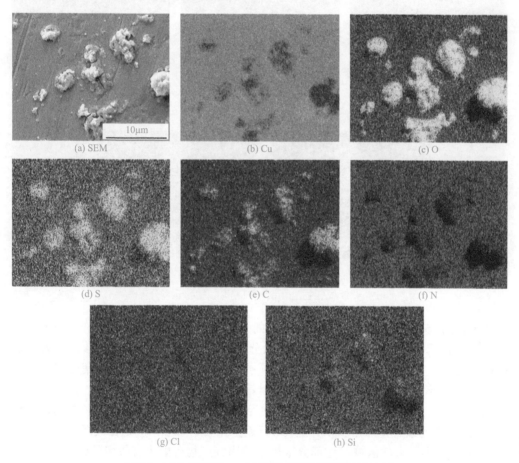

图6.3　24 h腐蚀后1 μm试样SEM形貌图和元素分布图

　　图 6.5（a）为沉积了 5 μm 颗粒物的试样在腐蚀 24 h 后的 SEM 形貌图。从图中可以看出，在颗粒物周围虽然没有凹凸不平的腐蚀产物，但是其周围的基体却存在很多的裂纹，这是由于在颗粒物周围生成了比较薄的腐蚀产物层，并且腐蚀产物层发生了一定的开裂所致，同时在稍远处的地方有一些比较小的凸起，以及一些比较小的裂纹存在，这说明颗粒物的影响范围比较大，图中所示区域基本都存在较轻的腐

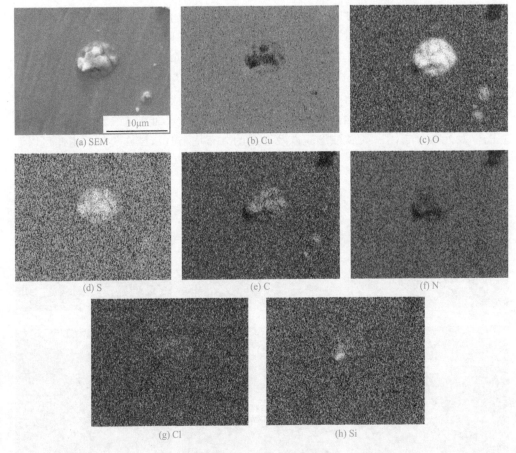

图6.4　24h腐蚀后2 μm试样SEM形貌图和元素分布图

蚀现象。图6.5（b）～（h）为图6.5（a）的元素分布图，从O元素的分布可以看出除了在颗粒物所在区域，其余区域的O元素分布比较普遍，这也说明了该区域普遍已经被腐蚀了，在大颗粒周围存在些许小颗粒，这些区域的O元素分布稍微多一些。S、N两种元素从亮度上来看含量很少，但是存在一些稍微集中的区域，并且这些区域的分布与氧元素分布重合，因此这两种元素确实存在，并且存在于颗粒物以及腐蚀产物中。C元素含量非常多，并且与O元素分布基本重合，但是在大颗粒右侧有一个C与O丰度不一致的区域，这部分区域中的腐蚀产物可能含有较多的C。Cl元素在分布上不存在明显的富集区域，在这个区域可能不存在。Si元素分布与O元素基本一致，大颗粒物中含量较多，并集中于下半部分，在周围的小颗粒物中也普遍存在，Si在颗粒物本身的分布不均匀说明颗粒的形成过程并非单纯结晶，可能是由灰尘吸附其他颗粒或者以灰尘为核发展形成的。

　　图6.6（a）为沉积了10 μm颗粒的试样在腐蚀24 h的SEM形貌图，从图中可以看出，以颗粒物为中心，形成了一圈明显的腐蚀区域，图6.6（b）～（h）为该区域

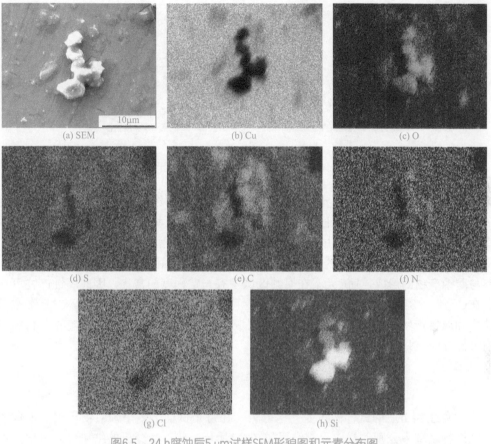

图6.5　24 h腐蚀后5 μm试样SEM形貌图和元素分布图

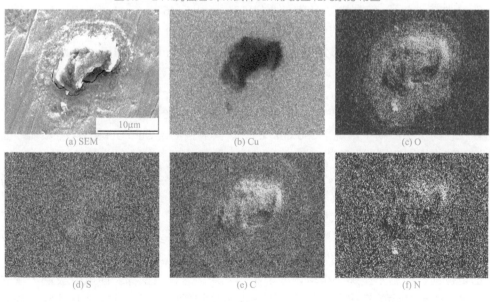

图6.6

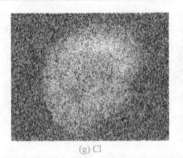

(g) Cl   (h) Si

图6.6　24 h腐蚀后10 μm试样SEM形貌图和元素分布图

的元素分布图。O元素主要分布在颗粒物及其周围的腐蚀区域中，但是在颗粒物的中下区域分布较少，这部分区域与SEM形貌图中的暗区域大致重合，说明这部分区域O元素的分布稀少可能是由于颗粒物不规则的形貌阻碍了电子的传递，并非O确实稀少所致。N、Si两种元素主要集中在颗粒物中，在腐蚀区域没有明显富集，因此不参与腐蚀产物的形成，而C元素在腐蚀区域中有一定程度的富集，因此腐蚀产物可能存在C元素。S元素不存在富集现象，因此可能这个区域中没有S元素。Cl元素在颗粒物和腐蚀产物中都大量存在，因此该区域的腐蚀主要是由Cl元素引起的，腐蚀产物大部分应该是铜的含氯化合物。

6.1.3　腐蚀产物分析

对腐蚀24 h后的试样做拉曼光谱分析，在每个试样上多个颗粒物周围所形成的腐蚀产物区域中分别测量，检测结果如图6.7所示。从拉曼分析的结果可以看出，不论粒径是多少，所有曲线都具有波数为125 cm^{-1}、146 cm^{-1}、215 cm^{-1}、404 cm^{-1}、525 cm^{-1}、623 cm^{-1}的位置的峰，腐蚀产物中可能形成了少量的Cu_2O，但大部分应该是CuO。同时各粒径的部分曲线还有波数为1360 cm^{-1}和1600 cm^{-1}的峰，它对应的是OH$^-$振动所产生的峰，即腐蚀产物中也可能有$Cu(OH)_2$产生，此外在1 μm的颗粒物的腐蚀产物中，还有两条曲线出现了1030 cm^{-1}位置的峰，该峰对应的是S—O键的振动，也就是说在1 μm的颗粒物周围还有铜的硫酸盐产物出现，在5 μm的颗粒物的腐蚀产物中出现了290 cm^{-1}的峰，其对应的是Cu—Cl键的伸缩振动，因此该颗粒物周围有铜的氯化物。

图6.8为24 h后室内模拟试验试样的表面开尔文电位分布图。图中暖色区域表示该区域的电位较高，不易被腐蚀，由于相较于PCB-Cu基体，颗粒物本身导电性很差，所以其中电位最高的红色区域代表的是该区域存在颗粒物；从图中可以看出，较大粒径试样与较小粒径试样的表面开尔文电位分布形式存在一些相同点。在颗粒物存在的红色区域周围，通常都有电位极低的区域存在，而在远离颗粒物的部分，表面电位的分布则不是那么极端，处于平均水平，这说明试样表面电位极低区域的产生是由于颗粒物的存在所引起的，而表面电位较低的区域通常就是腐蚀倾向较大

的区域，因此颗粒物的存在可以引起试样表面电位的剧烈波动，从而引发腐蚀。另一方面表面存在较小颗粒物试样与表面存在较大颗粒物试样的表面电位分布整体来说区别还是很大的。在 1 μm 和 2 μm 试样上，电位极端的区域（极大或极小）的面积非常小，其直径大约在 20 μm，而电位测量时的扫描步长就是 20 μm；其实际范围可能比 20 μm 更小，可以说小颗粒物对试样表面电位的影响仅仅局限在其周围，影响范围很小。而较大颗粒物所在试样的电位极端区域则比较大，可以达到 50 μm，这说明大颗粒物的影响范围很大，可以在试样表面引起更大范围的腐蚀，这一试验结论与共聚焦形貌图所反映出来的腐蚀形貌相一致。此外，从表面电位的大小来看，不同粒径试样所产生的表面电位也存在着很大的区别，表 6.3 为图 6.7 中各图平均电位的拟合结果，从表中可以看出，试样表面的整体电位随着颗粒物粒径的增大而升高，尽管 10 μm 颗粒物本身的高电位以及其较大的面积可能会使得其试样表面的平均电位升高，但是对比图 6.8 中低电位区域的最小值可以看出，试样表面的最低电位区域的电位值确实是随着颗粒物的粒径增大而增大，也就是说较小粒径颗粒物存在的试样很容易发生腐蚀。这意味着虽然大颗粒物影响范围更大，但是小颗粒更容易引起腐蚀。

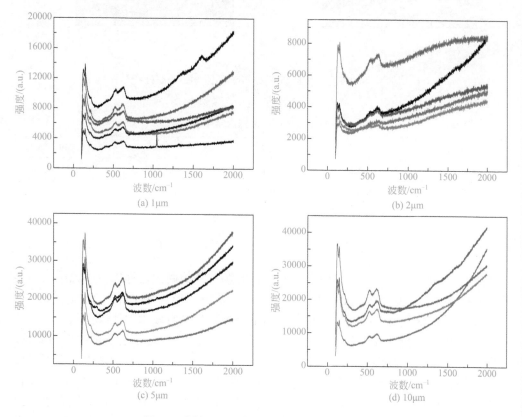

图6.7　腐蚀24 h后试样的拉曼光谱分析结果图

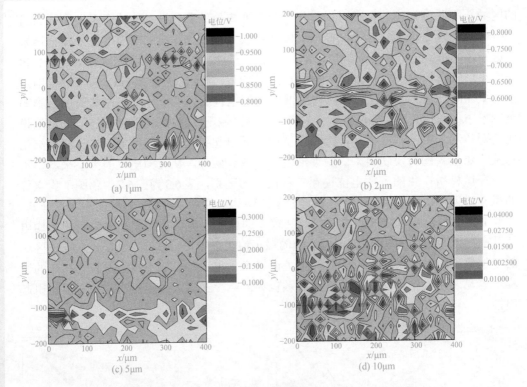

图6.8　24 h在室内模拟试验试样的表面开尔文电位分布图

表6.3　平均电位拟合结果表

粒径/μm	1	2	5	10
高斯平均值/V	−0.92266	−0.7201	−0.19649	−0.01698
标准差	0.02998	0.03467	0.02922	0.01062

6.1.4　腐蚀机理分析

通过上述试验分析，可以看出不同粒径的颗粒物的腐蚀过程以及腐蚀结果确实存在一些区别，这些区别是由于颗粒物的粒径、成分、形貌等因素综合引起的。

在小颗粒物所引起的腐蚀过程中，由于小颗粒物具有较大的比表面积，其吸湿的速率很快，很快就在颗粒物表面吸附形成一层水膜，但是受限于颗粒物的体积，其吸湿总量很小，最终只形成一个包覆颗粒物的水膜，水膜在自身张力作用下包覆在颗粒物表面，不会垮塌；在水膜内部，颗粒物所含的可溶性离子溶解，由于液膜较少同时小颗粒比表面积大，绝大部分可溶成分都会溶解，因此会形成较高浓度的电解质溶液；在有液膜覆盖的区域内，发生与大颗粒物同样的腐蚀现象，最后形成液膜边缘与颗粒物附近的氧浓差电池，但与大颗粒物不同的是，一方面小颗粒所形成的电解质溶液浓度更高，而氧在高浓度盐溶液中的溶解度会减小，这会增大液膜中的氧浓度梯度，另一方面液膜的形态不是大颗粒所形成的扁平状，而是包覆在颗粒物上形似蛋壳的形状，大气中的氧无法通过在 y 轴方向的输送补充在溶液中被反应掉的氧，同样会增大液膜中的氧浓度梯度，因此在小颗粒物周围会形成更大的氧浓度梯度，进而导致更大的电势差，引起更严重的腐蚀。

在较大颗粒物的腐蚀过程中，颗粒物首先吸收大气中的水蒸气在颗粒周围形成包覆颗粒物的液膜，但是由于大颗粒尺寸较大，其所含的可溶性盐不都存在于表面，因此吸附速度相对较慢。并且由于表面积大，需要吸收足够多的水蒸气才能形成覆盖颗粒物表面的液膜，所以大颗粒形成液膜的速度相对较慢。在吸收大量水蒸气，形成覆盖颗粒物表面的液膜后，由于重力的作用液膜的表面张力不足以维持包覆颗粒物的形态，从而沿着试样表面铺展，随着颗粒物不断吸收水蒸气，液膜铺展的范围越来越大。在液膜铺展的过程中，颗粒物表面的可溶性离子溶解到液膜中，形成电解质溶液，而颗粒物内部的可溶性离子无法与液膜接触，从而不会溶解；在液膜铺展过程中，试样发生腐蚀，迅速消耗液膜中的溶解氧，在氧耗尽后，液膜的边缘容易得到氧的补充，而颗粒物附近难以获得补充，因此形成氧浓差电池，颗粒物附近形成阳极，液膜边缘形成阴极，颗粒物附近发生严重腐蚀。

6.2 吐鲁番颗粒物腐蚀行为与机理

6.2.1 吐鲁番地区环境气候特点

吐鲁番是典型的干热带沙漠气候，其环境具有昼夜温差大、湿度低、日照时间长等特点。吐鲁番年平均气温只有 17.4℃，但是 5 ～ 8 月最高温度可以接近 49.6℃，地面的温度有时甚至接近 70℃，年平均降雨量少，仅 16.4 mm，年平均日照时数超过 3200h。此外，吐鲁番地区有大量的盐碱地，同时平均风速可达 2.5 m/s，这导致吐鲁番沙尘暴发生频率很高。图 6.9 为在试样暴露时间内，平均温度和湿度随时间的变化图，可以看出其变化非常巨大。

图 6.10（a）为每月的最高和最低温度，图 6.10（b）为每月最高和最低相对湿度。根据图 6.9，2013 年 4 月至 2013 年 9 月吐鲁番地区的气温相对较高，而此期间的相对湿度较低；而气温较低的 2013 年 11 月至 2014 年 2 月，相对湿度值却较高。根据图 6.10 所示，暴露时间内吐鲁番地区最高温度接近 53℃，最高的相对湿度值接近 84%。上述三个图显示，吐鲁番地区夏季气温偏高、相对湿度偏低，冬季气温偏低、相对湿度偏高。在高温或高湿度的气候环境中，试样的腐蚀速率都会变大。此外，从图 6.10（a）中可以看出，吐鲁番地区温度变化很大，月最高温度与最低温度之间普遍

可以达到20℃。极端的温度变化可能导致液滴形成。根据克劳修斯克拉佩龙方程，随着温度下降，饱和水汽压会急剧下降。当温度在0～50℃范围内，温度降低20℃时，饱和水汽压会降低到原来值的30%左右，这意味着，在高温状态下，大气的相对湿度达到30%的时候，在气温降低20℃后，大气的相对湿度就会达到100%，即会出现水滴的凝结。

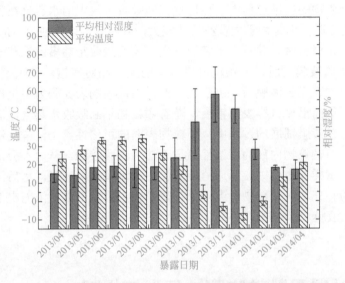

图6.9　试样暴露时间内月平均相对湿度和月平均温度图

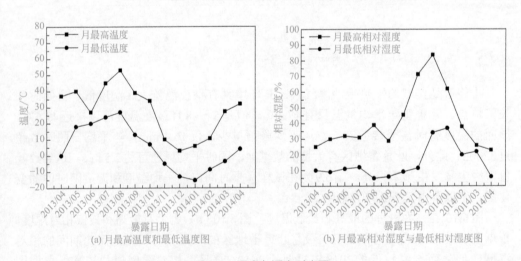

(a) 月最高温度和最低温度图　　　　　　　(b) 月最高相对湿度与最低相对湿度图

图6.10　温度与湿度对应图

6.2.2　颗粒物形貌与成分

图6.11为吐鲁番沙尘的SEM形貌图，尘土是通过自然沉降收集的。尘土的大小

从几微米到几十微米不等，大部分尘土颗粒的形状不规则，表面粗糙，这会使得尘土具有良好的物理吸湿性能。表6.4为吐鲁番土壤中离子含量，土壤中Cl^-、Na^+和SO_4^{2-}含量较高，表明土壤中有大量盐粒。吐鲁番多风沙的天气条件容易导致颗粒物沉积在PCB-Cu表面，这些可溶性盐通常具有优异的吸湿性，即使在低相对湿度环境下也能够潮解，容易导致液滴的形成，为电化学腐蚀提供必要的条件。

图6.11　吐鲁番沙尘的SEM形貌图

表6.4　吐鲁番土壤中可溶性离子含量表

离子种类	HCO_3^-	Cl^-	SO_4^{2-}	NO_3^-	Na^+
含量/(g/kg)	0.14	2.44	1.10	0.346	1.76

6.2.3　腐蚀表面形貌分析

图6.12为吐鲁番地区户外暴露了不同周期的PCB-Cu样品的激光共聚焦形貌图。从图中可以看出，1个月周期的PCB-Cu试样的腐蚀形貌为独特的环形区域，这些环形区域有的独立存在，有的和其他环形区域相互连接。在环形区域的中心通常存在着大量颗粒物，而在环形区域以外，试样表面呈现出均匀腐蚀。当暴露时间增长至3个月，环形区域发展到整个试样表面，在试样表面形成颜色不同的腐蚀产物。随着暴露时间的进一步增长，腐蚀产物的颜色逐渐变成相同的黄褐色，这说明腐蚀产物形成后并不是固定不变的，它会随着时间进一步变化，最终大部分变成相同的产物。同时测量不同周期试样的表面粗糙度，测量结果如表6.5及表6.6所示。随着时间增长，试样表面的粗糙度不断变大，开始阶段即1个月至6个月，试样表面粗糙度增大得很快，说明腐蚀产物迅速增加；而在中期6个月至12个月增长放缓，说明腐蚀产物形成减慢；在后期12个月至24个月增长速度又一次加快，腐蚀产物又一次迅速增加，这可能是因为在开始阶段腐蚀产物在裸铜板上迅速形成，腐蚀速率快，而在中期的时候腐蚀产物布满整个表面，有效地阻碍了腐蚀的进一步发生，腐蚀速率放缓。但是随着时间的增长，腐蚀产物逐渐发生变化，同时已形成的腐蚀产物层逐渐变得

疏松，无法有效阻碍腐蚀发生，腐蚀速率再次增加。上述结果表明，吐鲁番地区的PCB-Cu腐蚀非常严重，并且腐蚀产物的类型以及腐蚀的速率随着时间的推移而改变。

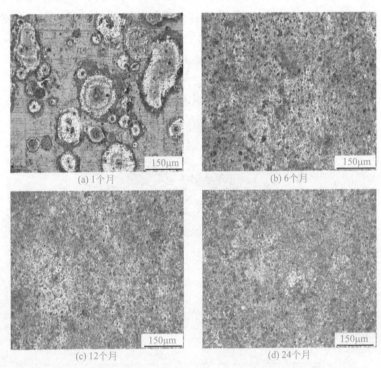

图6.12　吐鲁番地区户外暴露不同周期后PCB-Cu的激光共聚焦形貌图

表6.5　图6.13（a）中所示区域的粗糙度测量结果

区域	1	2	3
粗糙度/μm	0.123	0.053	0.088

表6.6　不同周期试样粗糙度测量结果

周期	6个月	12个月	24个月
粗糙度/μm	0.659	0.739	1.523

　　图6.13为周期为1个月的腐蚀初期试样的共聚焦形貌图，其中图6.13（a）为图6.12（a）中间所示区域的局部放大图，图6.13（b）为6.13（a）的3D形貌图。从图中可以看出环形区域的各部分具有十分不同的形貌，不仅腐蚀产物的颜色存在差异，腐蚀的程度也不尽相同，环形的中心区域和边缘区域腐蚀得更为严重，而两者之间的过渡区域腐蚀程度相对较轻。分别测量三个区域的粗糙度，测量范围为图6.13（a）

中蓝色方框所示区域，测量结果如表6.5所示，从表中可以看出，环形中心区域粗糙度最大，腐蚀最严重，环形边缘粗糙度次之，两者间的过渡区域最小。

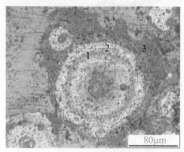

(a) 图6.12(a)中间所示区域放大图

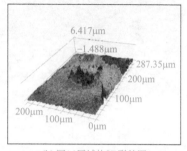

(b) 图(a)区域的3D形貌图

图6.13　吐鲁番地区户外暴露1个月后PCB-Cu的激光共聚焦形貌图

根据国标GB/T 16545—2015，使用除锈液（500 mL浓盐酸加入去离子水配制成1000 mL溶液并用纯氮进行脱氧处理）将在户外暴露1个月的试样上的腐蚀产物除去，其除锈后的形貌如图6.14所示。从图中可以看出，环形中心区域的腐蚀程度最为严重，从3D形貌图中还可以看出在中心区域存在很多个很深的点蚀坑，而环形区域外围的腐蚀程度却和中间过渡区域的腐蚀程度基本相似。这说明在除锈前环形区域外围的大量的腐蚀产物并非由该部分直接产生，很有可能是由环形中心区域迁移所致。

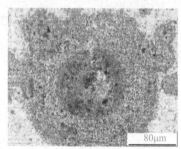

(a) 1个月试样除锈后共聚焦形貌图

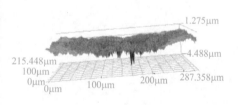

(b) 图(a)3D形貌图

图6.14　暴露1个月后使用除锈液的试样形貌图

图6.15为不同周期试样的截面SEM形貌图，从图中可以看出，在1个月周期的时候，在腐蚀产物和颗粒物的下方存在很多微孔，微孔的存在说明该区域腐蚀较为严重，这些微孔一方面可以使得未被腐蚀的部分接触到外部的环境，进而使之发生腐蚀，另一方面微孔的独特化学环境很有可能会加速腐蚀。而24个月试样的截面图中可以看到微孔基本消失不见，在试样表面有一层厚厚的腐蚀产物层，该层会在一定程度上保护基体，减缓腐蚀。

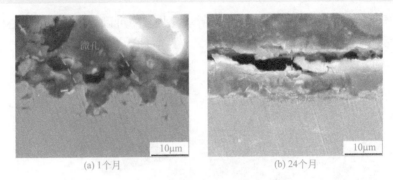

(a) 1个月   (b) 24个月

图6.15 不同周期试样截面SEM形貌图

6.2.4 腐蚀产物分析

图6.16（a）为一个环形区域的SEM微观形貌图，图像右上角为其中心区域的放大图，可以看出中心区域存在很多龟裂的地方，龟裂的部分是试样的表层，这可能是由于吐鲁番地区巨大的温差以及从而带来的干湿交替现象，导致腐蚀产物层产生内应力，最终引起腐蚀产物层的破裂，形成龟裂的形貌。从元素分布图可以看出，O和Cl的分布基本相同，都是中心区域分布最多，环形外围区域分布次之，中间过渡区域最少，这说明中心区域的腐蚀产物最多，环形外围区域次之，中间过渡区域最少，同时Cl元素参与形成了腐蚀产物。此外从腐蚀产物量上可以看出，虽然环形外围的腐蚀产物量比中间过渡区域稍多，但相比中心区域依旧是非常得少，这也支持环形外围区域的腐蚀产物并非在该区域生成的，而是由中心区域迁移形成的理论。

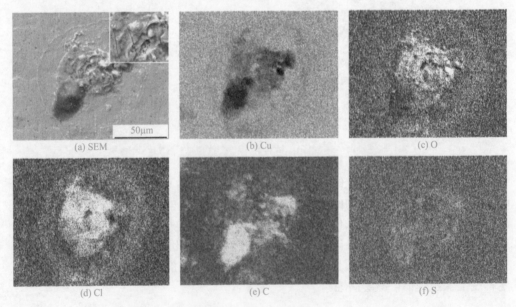

(a) SEM   (b) Cu   (c) O

(d) Cl   (e) C   (f) S

图6.16 暴露1个月的PCB-Cu试样的SEM形貌图和元素分布图

图6.17（a）是一个环形区域的SEM形貌图，从图中可以看出中心区域有大量的腐蚀产物与颗粒物组成的混合物，EDS结果表明，区域A有大量的污染性元素Cl以及很多灰尘中的元素，Cl元素极容易破坏金属的氧化保护层，造成严重的腐蚀，B和C区域主要由Cu、O、Cl组成，这些区域主要是铜的氧化产物和含氯化合物。图6.17（b）为暴露3个月的样品，其表面的腐蚀产物膜已经发生开裂，并且周围存在一些规则的颗粒，EDS结果表明这些颗粒的主要组成包括Cl和Na，同时两种元素的原子个数比接近1∶1，这表明该颗粒可能由NaCl组成，事实上根据吐鲁番土壤组成的分析结果也可以看出，土壤中含有一定的NaCl。此外在腐蚀产物膜破裂区域的周围，还可以观察到很多的微孔，这些都说明在颗粒物存在的地区发生了更为严重的腐蚀。表6.7为图6.17中不同区域EDS测试结果。

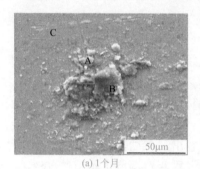
(a) 1个月

(b) 3个月

图6.17　不同暴露周期PCB-Cu试样的SEM形貌图

表6.7　图6.17中不同区域EDS测试结果表（其他元素包括K、Ca、Mg、Al和Si）单位：g/kg

元素	Cu	C	O	Cl	N	Na	S	其他元素
A	15.05	63.61	7.58	33	6.41	—	0.60	5.02
B	80.79	—	16.02	20	—	—	—	—
C	87.77	—	10.50	14	—	—	—	—
D	3.55		7.3	40.16		48.99	—	—
E	62.40		24.29	11.62			1.68	—

户外暴露24个月后PCB-Cu表面存在的腐蚀产物的Cu2p 3/2 XPS谱如图6.18所示，其中峰的高度代表腐蚀产物的含量。位于932.67 eV和932 eV的峰1和2可能是Cu_2O或$CuCl_2$。强度较低的两个峰3和4分别位于933.76 eV和934.4 eV，峰3和4代表的腐蚀产物可能是CuO或$CuCl_2$。峰5位于934.96 eV，表明可能有$Cu(OH)_2$。峰6位于935.9 eV，表明可能有少量的$CuSO_4$生成。上述结果表明具有腐蚀性的物质如O_2、Cl^-和SO_2会破坏样品的表面结构，形成腐蚀产物，根据峰强可以看出主要的腐蚀产物是铜的氧化物和氯化物。

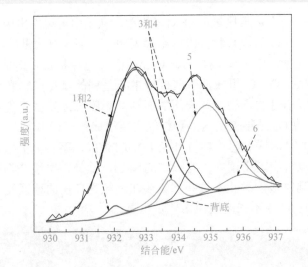

图6.18 户外暴露24个月后PCB-Cu表面存在的腐蚀产物的Cu2p 3/2 XPS图谱

6.2.5 腐蚀机理分析

从吐鲁番的气候环境特点分析中可以看出,在试验周期内吐鲁番的月平均相对湿度值都非常低,即使是相对湿度最高的冬季相对湿度也不超过60%,在如此干燥的环境中通常不易发生腐蚀,但是由于吐鲁番还具有昼夜温差极大的特点,这导致在降温的时候非常容易发生结露现象,而在白天高温的时候液滴蒸发,最终导致试样表面产生非常剧烈的干湿交替,从而容易产生强烈的腐蚀;高含盐量的降尘是吐鲁番的另一个环境特点,图6.17中就可以看到试样表面附着有大量的含盐颗粒物,并且这些颗粒物大多处于腐蚀的中心区域,即腐蚀最为严重的区域,这个结果说明颗粒物在吐鲁番样品的初期腐蚀中有着非常重要的作用。

吐鲁番试样的腐蚀形貌与实验室中所做的液滴腐蚀模拟试验结果非常相似,模拟试验结果如图6.19所示,试验过程为将配制好的NaCl溶液(0.5 mol/L)用5 μL注射器滴在PCB-Cu试样表面,随后将试样置于50℃、95%RH的恒定湿热环境下24 h。可以看出液滴试验中PCB-Cu样品的腐蚀产物大量堆积在液滴边缘,呈现出环状分布,这是由于形成了氧浓差电池的缘故。初始液滴中的体积很小,所以氧含量也很少,随着腐蚀的发生,溶液中的氧迅速消耗。在溶液中缺氧后,液滴边缘部分处于固液气三相交界处,氧气可以快速补充,而液滴中心却难以获得氧气补充,从而在液滴边缘与中心形成了氧浓差电池,缺氧的中心区发生阳极溶解现象,产生严重的腐蚀,产生的大量金属离子向液滴边缘迁移;液滴边缘发生氧的还原反应,在液滴边缘形成大量的OH−,当外迁的金属离子与氢氧根离子相遇时,便在边缘区域逐渐形成了大量的腐蚀产物。

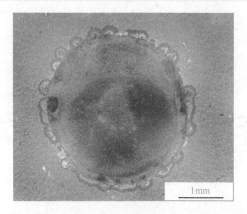

图6.19　PCB-Cu试样在NaCl液滴（0.5mol/L）下腐蚀24 h试验结果图

　　但是在户外暴露试验中，除了边缘区域累积了较多的腐蚀产物外，在液滴的中心区域也存在着大量的腐蚀产物，这可能归因于两个主要方面：沉积在中心区域的尘埃颗粒不溶解于随后形成的液滴中，这些尘埃颗粒在某种程度上阻碍了溶解的金属离子的迁移；同时，氢氧根离子向液滴中心区域迁移，最终遇到中心区域附近的金属离子，产生沉淀。因此，腐蚀产物主要集中在野外暴露试验的边缘和中心区域。

　　根据上述结果，PCB-Cu在吐鲁番的干热沙漠条件下的腐蚀失效机理可以概括如下：首先，尘埃颗粒沉积在PCB-Cu表面，由于颗粒物的毛细吸湿以及自身所携带的可溶性盐的潮解，显著降低形成液滴所需的临界湿度；其次，由于吐鲁番地区巨大的昼夜温差所导致的结露现象，以及颗粒物的吸湿作用，优先在颗粒物周围产生液滴；再次，由于颗粒物中的可溶性盐溶解，特别是一些具有腐蚀性的离子如Cl⁻的溶解，形成电解质溶液，PCB-Cu表面发生严重的局部腐蚀，形成环形腐蚀区；最后，局部腐蚀区域相互连接导致全面腐蚀。

参考文献

[1] Lin X Y, Zhang J G. Dust corrosion[C]. Electrical Contacts, 2004. Proceedings of the, IEEE Holm Conference on Electrical Contacts and the, International Conference on Electrical Contacts. 2004: 255-262.

[2] Leygraf C，Graedel T. Atmospheric corrosion[M]. Beijing: Chemical Industry Press， 2005: 142-143.

[3] 程春英, 尹学博. 雾霾之PM2.5的来源、成分、形成及危害[J]. 大学化学, 2014, 29(5):1-6.

[4] Joiret S, Keddam M, Nóvoa X R, et al. Use of EIS, ring-disk electrode, EQCM and Raman spectroscopy to study the film of oxides formed on iron in 1 M NaOH[J]. Cement and Concrete Composites, 2002, 24(1): 7-15.

第 7 章

微生物作用下的腐蚀行为与机理

微生物无处不在，微生物腐蚀几乎覆盖所有现用材料，材料腐蚀中微生物腐蚀约占20%[1]。目前对微生物腐蚀的研究主要集中于细菌造成的腐蚀，且多是微生物对纯金属的腐蚀[2-5]。其中霉菌生长要求环境温度及相对湿度较高，其生长繁殖过程中产生大量菌丝体，这些菌丝体在生长过程中吸湿产酸，极易对金属材料造成腐蚀。PCB作为电子材料的重要部件，需具备防湿热、防霉菌、防盐雾等特性，而西双版纳的湿热气候对PCB的"三防"特性要求更高。

目前对PCB的腐蚀研究方向多集中在相对湿度、温度、环境污染物等方面，而对微生物作用下PCB的腐蚀行为研究较少，这一领域亟待深入研究。本章采用激光共聚焦显微镜及扫描电镜观察PCB试样腐蚀形貌，采用电化学工作站分析其腐蚀微区电位及极化曲线；通过研究枯草芽孢杆菌、蜡状芽孢杆菌、黑曲霉菌和黄曲霉菌对PCB的腐蚀作用，揭示微生物作用下PCB的腐蚀机理。

7.1 枯草芽孢杆菌腐蚀行为与机理

铜试样表面的处理工艺为热风整平无铅喷锡工艺。锡层厚度大约为1.4 μm，每个试样在使用前都要用75%的酒精浸泡2 h，紫外线照射0.5 h，以确保试验的准确性。试验所用的枯草芽孢杆菌培养液成分为：10 g/L NaNO$_3$，5 g/L 胰岛素，10 g/L 蛋白胨。营养液在使用前用灭菌锅在121℃温度下 100 kPa压力下灭菌20 min。枯草芽孢杆菌从西双版纳半封闭环境中放置一个月的镀锡处理的铜试样上分离纯化得来，菌种DNA和形貌经过比对确定为枯草芽孢杆菌菌种。菌种接种在含有50 mL营养液的锥形瓶中活化培养，调节最初菌液浓度在10^{6}个/mL。

7.1.1　枯草芽孢杆菌生长特征

枯草芽孢杆菌被接种在装有 50 mL 的 LB 培养液的锥形瓶中活化培养 10 h。三个 100 μL 营养液被装入三个 1.5 mL EP 管中。一定量的 Cu^{2+} 被添加到每个 EP 管中保证其浓度为 200 mg/L，一定量的 Sn^{4+} 被添加到一个 EP 管中保证其浓度为 200 mg/L。2 μL 的枯草芽孢杆菌活化之后被添加到 1.5 mL 的 EP 管中。如此配成一个含有枯草芽孢杆菌的 100 μL 营养液、一个 Cu^{2+} 浓度为 200 mg/L 的枯草芽孢杆菌营养液和一个 Sn^{4+} 浓度为 200 mg/L 的枯草芽孢杆菌营养液。这三个 EP 管被放入到全自动生长曲线分析仪中测量生长曲线。本次试验使用的是中科院微生物所的 Bioscreen C 全自动生长曲线分析仪，对样品的浊度进行动态测量。

图 7.1 为枯草芽孢杆菌在无菌 LB 培养液中的 30℃ 温度下的生长曲线。枯草芽孢杆菌在生长过程中一共分为三个阶段：快速生长期、生长平台期、生长衰弱期。细菌在 0～24 h 内快速生长，在之后的 10 h 内达到一定的平台期，此时菌液浓度达到最大值，其 OD 值也达到最大，在衰弱期，细菌浓度开始逐渐变小。

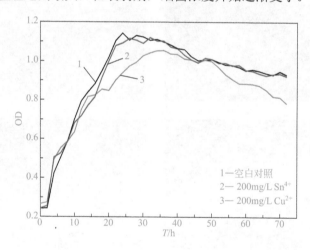

图7.1　枯草芽孢杆菌在无菌LB培养液中的30℃下的生长曲线

加入 Cu^{2+} 浓度为 200 mg/L 的和 Sn^{4+} 浓度为 200 mg/L 的菌液中枯草芽孢杆菌生长曲线表明 Sn^{4+} 对细菌的生长无明显影响，Cu^{2+} 对细菌的生长有抑制作用。而且加入 Sn^{4+} 之后的细菌的生长浓度比加入 Cu^{2+} 的细菌生长浓度要高。这个现象和西双版纳户外暴露的试样上的腐蚀行为，即和铜试样菌丝较少附着，而镀锡板上有较多菌丝附着这一现象一致。而造成这一现象的原因可能是 Cu^{2+} 能穿透细胞结构和细胞里的 SH 键发生反应造成细胞的蛋白结构毁坏，同时对于 Sn^{4+} 来说，由于自身的结构较大，不能穿透细胞结构，因此对细菌生长没有大的影响。

试样在 37℃ 温度下的枯草芽孢杆菌菌液环境中浸泡 7 d 和 14 d，再取出用 PBS 缓冲溶液清洗 2 遍，清洗掉试样表面的浮菌。再用染色剂将试样染色 15 min，试样表面分布的细胞形貌通过DSY5000X型号的荧光显微镜放大100倍观察，细胞显示出绿色即为活的细胞，而显示出红色的则为死细胞。

图7.2为镀锡铜试样暴露于无菌LB培养液和菌液中7 d和14 d的荧光形貌。从试样浸泡在菌液中7 d的荧光照片可以看出，只有一部分活的细菌附着在试样表面，时伴随着少数死菌。这些细菌没有聚集成团，因为金属表面对细菌来说不易生长繁殖。铜基底表面的锡层上有一些小的点蚀坑形成。从浸泡在菌液14 d的镀锡铜试样表面的形貌图上可以看出附着在材料表面的细菌个数比浸泡7 d的试样表面要多得多。枯草芽孢杆菌逐渐附着在材料表面然后连同生成代谢的产物包括蛋白质、核酸等形成一层生物膜，同时点蚀坑逐渐扩大，材料表面有大的腐蚀产物形成，死的细菌变少。

(a) 无菌培养液7d

(b) 菌液7d

(c) 无菌培养液14d

(d) 菌液14d

图7.2　镀锡铜试样暴露于无菌LB培养液和菌液中7 d和14 d的荧光形貌

7.1.2　枯草芽孢杆菌腐蚀特点

为了观测附着在电路板上的枯草芽孢杆菌菌体，将在枯草芽孢杆菌菌液中浸泡后的试样取出用2.5%的戊二醛浸泡固定8～12 h，再用酒精逐级脱水，用电镜观察材料的表面形貌。

图7.3为镀锡铜试样暴露于无菌LB培养液和菌液中14 d的电镜照片。如图7.3（a）和图7.3（b）所示，在无菌培养液中浸泡14 d后的镀锡铜试样的表面没有明显的点蚀坑出现；如图7.3（c）和图7.3（d）所示，当在有菌培养液中浸泡14 d后，镀

锡铜试样表面的细菌及其代谢产物聚集在一起并在其表面越积越多。对比图7.3（e）和图7.3（f）中无菌和有菌培养液中浸泡14 d后除去腐蚀产物的表面形貌可知，在有菌培养液中浸泡14 d后的试样表面腐蚀更加严重。另外，样品表面的细菌越积越厚，除去腐蚀产物后有大的腐蚀坑出现，即镀锡铜试样表面的镀锡层发生了严重的破坏。

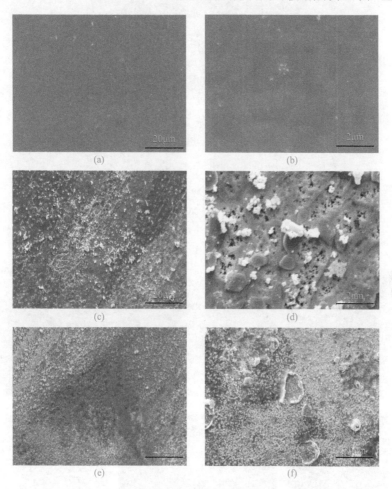

图7.3　镀锡铜试样暴露于无菌LB培养液和有菌LB培养液14 d的腐蚀形貌
（a）（b）无菌LB培养液；（c）（d）有菌LB培养液；（e）无菌LB培养液除去腐蚀产物；
（f）有菌LB培养液除去腐蚀产物

图7.4为浸泡在菌液14 d后的表面腐蚀形貌SEM图，表7.1为图中表面A和B两个区域的主要元素原子成分，结果表明表面主要元素为P、C、O、Sn、Cu和Na等，A区域的P、O和Na所占原子比明显高于B区域，而Sn和Cu原子比低于B区域，表明A区域为菌聚集区域。锡和铜元素为试样的基本元素。图7.5为浸泡在有菌溶液中14 d后的试样表面的元素面扫结果，结果表明细菌代谢产物广泛分布在试样表面。

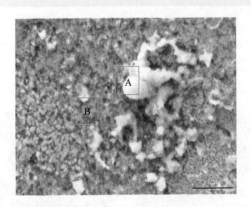

图7.4　浸泡在菌液14 d后的试样表面的SEM照片

表7.1　图7.4中区域A和B的主要元素原子成分　　　　　　单位：%

元素	C	Cu	Na	O	P	Sn
A	23.75	6.28	5.86	43.00	3.20	17.91
B	29.99	27.96	0.99	14.69	0.26	26.11

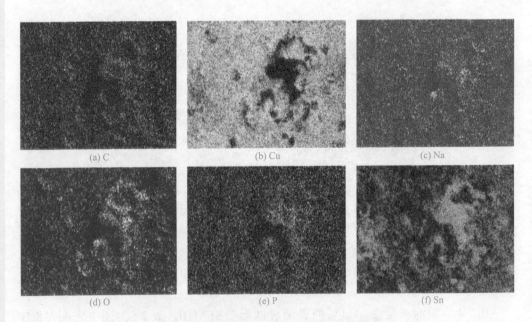

(a) C　　　　　　　　(b) Cu　　　　　　　　(c) Na

(d) O　　　　　　　　(e) P　　　　　　　　(f) Sn

图7.5　浸泡在有菌溶液中14 d后试样表面的元素面扫照片

　　图7.6为浸泡在有菌溶液中14 d后的试样表面的XPS结果。P应该是来源于细菌新陈代谢的产物。C和N应该部分来源于细菌新陈代谢的产物，部分来源于细菌营养液中的营养物质。值得注意的是在无菌溶液中浸泡过后的试样表面也发现了C和N，但是远没有浸泡在有菌溶液中14 d后的镀锡铜试样表面多。这一现象表明

浸泡在有菌溶液中14 d后的试样表面的C和N产物多是细菌代谢产生的。浸泡在有菌溶液中14 d后的试样表面的Sn主要来源于溶液中，这和无菌溶液中浸泡后的试样表面的结果相一致。图7.6（a）中浸泡在无菌溶液中14 d后的试样表面的Sn峰存在，然而Cu的峰并没有出现，意味着无菌溶液中浸泡后的试样表面中Cu基体并没有发生腐蚀，图7.6（b）表明无菌溶液中浸泡后的镀锡铜试样表面的腐蚀产物为SnO_2。但是浸泡在有菌溶液中14 d后的试样表面发生了腐蚀，Cu基体暴露出来，并且发生了腐蚀，即试样表面的镀Sn的保护作用失效。图7.6（c）中浸泡在有菌溶液中14 d后的镀锡铜试样表面的腐蚀产物为SnO_2。图7.6（d）中腐蚀产物中的一价Cu主要是Cu_2O，二价Cu主要是CuO。Cu_2O的存在意味着Cu没有被完全氧化。

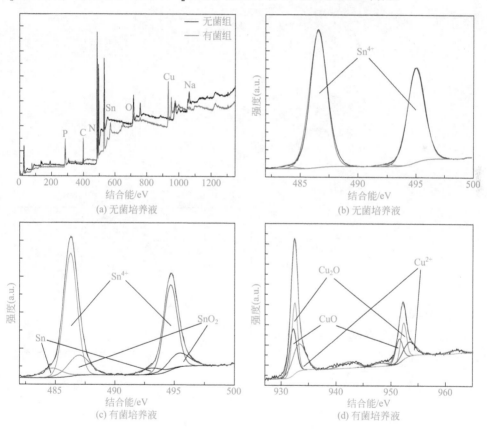

图7.6　暴露于无菌培养液和有菌培养液中14 d后的试样表面的XPS结果

7.1.3　枯草芽孢杆菌腐蚀电化学

三电极体系包含一个工作电极、一个参比电极，还有一个对电极。镀锡的铜试样作为工作电极，试样用焊锡密封，使其暴露面积为1.2 cm²。参比电极为饱和的氯化钾溶液，对电极则为铂片。试样和铂电极在75%的酒精中浸泡2 h再紫外线灭菌

0.5 h，充分进行灭菌消毒。将试样浸泡在枯草芽孢杆菌中置于37 ℃的培养箱中培养，在1 d、4 d、7 d、14 d做原位电化学测量。

　　EIS测试设定在开路环境下进行，其频率范围设定为$10^{-2} \sim 10^5$ Hz。所有的试验都在恒温箱中进行，试验温度保持在37 ℃。为了保证试验的准确性，每个试样重复三次。

　　EIS是一种在金属/生物膜之间的电化学反应和腐蚀产物与生物膜之间的微生物反应中常用的研究方法。浸泡在无菌溶液中的试样EIS测试结果和拟合模型如图7.7和表7.2所示。浸泡在有菌溶液中的试样EIS测试结果和拟合模型见图7.8和表7.3。

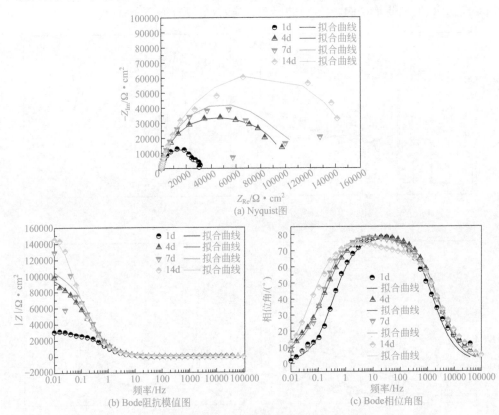

图7.7　浸泡在无菌溶液中镀锡铜试样不同时间段的EIS图

表7.2　无菌溶液中镀锡铜试样的拟合结果

时间/d	$R_s/$ $\Omega \cdot cm^2$	$Q_f/$ $(\mu F/cm^2)$	N_1	$R_f/$ $k\Omega \cdot cm^2$	$Q_p/$ $(\mu F/cm^2)$	N_2	$R_p/$ $k\Omega \cdot cm^2$	$Q_{dl}/$ $(\mu F/cm^2)$	N_3	$R_{ct}/$ $k\Omega \cdot cm^2$	pH
1	17.04	1.635E−5	0.896	3.008E4							6.97
4	15.48				1.574E−5	0.9008	5.145E4	6.803E5	0.8331	4.942E4	6.92
7	16.32				1.53E−4	0.6923	3.982E4	1.328E−5	0.9279	8.32E4	7.01
14	17.91				1.555E−4	0.7592	82.24	1.651E−5	0.8516	1.579E5	7.05

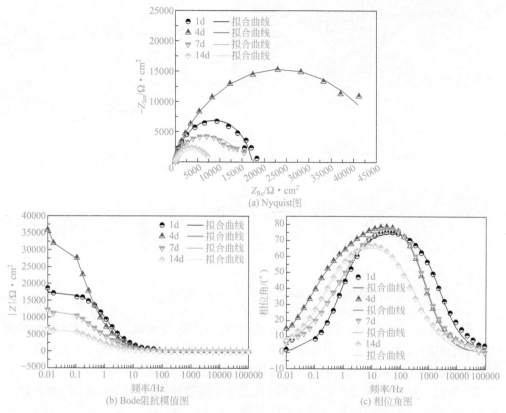

图7.8　浸泡在有菌溶液中的镀锡铜试样不同时间段的EIS图

表7.3　有菌溶液中镀锡铜试样的拟合结果

时间/d	R_s/ $\Omega\cdot cm^2$	Q_f/ $(\mu F/cm^2)$	N_1	R_f/ $k\Omega\cdot cm^2$	Q_p/ $(\mu F/cm^2)$	N_2	R_p/ $k\Omega\cdot cm^2$	Q_{dl}/ $(\mu F/cm^2)$	N_3	R_{ct}/ $k\Omega\cdot cm^2$	pH
1	16.68	1.416E−5	0.8655	1.727E4							7.01
4	16.62				2.35E−5	0.9267	7.006E4	3.306E−5	0.5958	4.259E4	8.43
7	15.67				2.27E−5	0.9284	4247	7.891E−5	0.5018	1.208E4	8.73
14	18.73				1.197E−4	0.7911	6708	3.658E−3	0.8257	1134	8.96

　　图7.7和图7.8表明有菌溶液中和无菌溶液中浸泡1 d的试样的Bode图上只有一个时间常数。这和图7.9（a）电路符合得很好。有菌溶液中和无菌溶液中浸泡4 d的试样的Bode图上有两个时间常数，这和图7.9（b）电路符合得很好。物理模型(R(QR)(QR))对应图7.9（b）电路，代表一层致密的氧化膜。随着浸泡时间的增长，氧化膜越变越厚，阻碍了镀锡铜试样表面和溶液之间的电子传递。图7.7中的单个阻抗弧的直径增加，和表7.2中的转移电阻的增长相匹配(R_{ct})。

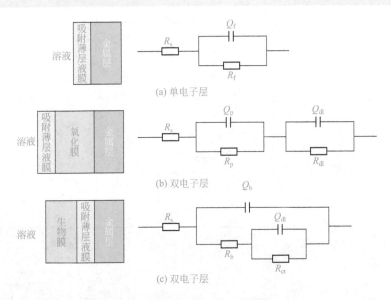

(a) 单电子层

(b) 双电子层

(c) 双电子层

图7.9　EIS物理模型和等效电路图

图7.8表示试样浸泡4 d的Bode图，其中有两个时间常数，其等效物理模型为 $(R(Q(R(QR))))$ 代表一层不均匀的氧化膜。在浸泡初期，细菌附着在试样表面这一过程是可逆转的过程，浸泡1 d的单一阻抗弧比浸泡4 d的要大，这一点从图7.7（a）中可以看出，意味着代谢产物阻碍了腐蚀进程。随着浸泡时间的增加，细菌开始附着在金属表面，生物膜逐渐形成，腐蚀加速。图7.8（a）中的Nyquist图中的阻抗弧直径下降在浸泡1 d到4 d的时间内，表明细菌加速了镀锡铜试样的表面的腐蚀。转换电阻 (R_{ct}) 的减少和双电层电容 (Q_{dl}) 的增加意味着浸泡时间中阻抗的减少。R_{ct} 经常用来衡量腐蚀速率。浸泡在有菌溶液中的转换电阻比浸泡在无菌溶液中的小意味着试样浸泡在有菌溶液中更容易遭受腐蚀。

7.1.4　枯草芽孢杆菌腐蚀机理

在有枯草芽孢杆菌接种的培养液中，镀锡铜试样的腐蚀进程的第一反应过程见图7.10，细菌在试样表面上的附着在初始状态为可逆的，一些代谢产物附着在试样表面上能抑制其表面腐蚀的进行。第二阶段，一方面由于锡层缺乏营养物质，对于细菌来说不是一个舒适的生存环境，另一方面 Sn^{4+} 并不影响细菌的代谢过程，因此导致细菌会附着在试样表面上分布不均匀，同时伴随着少数死菌。贫氧区因为细菌的生成代谢和呼吸而造成，这个区域优先发生腐蚀。第三阶段，越来越多的细菌聚集在试样表面能消耗更多的氧气，从而加速腐蚀反应的进行。

无菌培养液中，溶液中的氧气失去电子产生氢氧根离子，锡失去电子产生锡离子，随着氧化还原反应的进行氧化锡层变得越来越致密。

$$O_2 + 2H_2O + 4e^- \longrightarrow 4OH^- \tag{7.1}$$

$$Sn - 2e^- \longrightarrow Sn^{2+} \tag{7.2}$$

$$Sn^{2+} + 2OH^- \longrightarrow Sn(OH)_2 \tag{7.3}$$

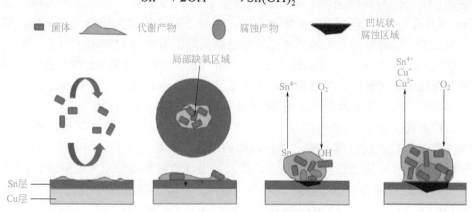

图7.10　镀锡铜试样在有菌溶液中浸泡过程中的腐蚀进程图

$$Sn(OH)_2 + 2OH^- - 2e^- \longrightarrow SnO_2 + 2H_2O \tag{7.4}$$

腐蚀产物随着反应的进行聚集在金属表面,时间一久,腐蚀产物就会从金属表面脱落,造成铜基底暴露出来。

$$O_2 + 2H_2O + 4e^- \longrightarrow 4OH^- \tag{7.5}$$

$$2Cu - 2e^- \longrightarrow 2Cu^+ \tag{7.6}$$

$$2Cu^+ + 2OH^- \longrightarrow Cu_2O + H_2O \tag{7.7}$$

$$Cu_2O - 2e^- + 2OH^- \longrightarrow 2CuO + H_2O \tag{7.8}$$

有菌培养液中的腐蚀产物中包括正一价和正二价的铜及氧化锡。有菌培养液的 pH 值随着时间的增加从 7.01 变成 8.96,预示着微生物酸腐蚀机制不是锡溶解的主要原因。氧浓度差为腐蚀的主要方式。一个原因是由活细菌、代谢产物、新陈代谢产物等组成的生物膜的形成,导致了氧浓度差;另一个原因是生物膜作为一个屏障,阻碍了氧气和金属表面的扩散。

7.2 蜡状芽孢杆菌腐蚀行为与机理

试验所用的 PCB-ImAg 板的基板为 FR-4,铜层的厚度为 25 μm,浸银层厚度为 0.44 μm。将试样用乙醇除油吹干后,浸于 5%(体积分数)戊二醛溶液内 5 h,然后移至 75% 乙醇溶液用孔径为 0.22 μm 的滤菌头过滤,置于超净台内备用。

将纯菌株用三区划线法接种至新鲜的Luria-Bertani（LB）固体培养基上（蛋白胨10 g/L，酵母提取物5 g/L，NaCl 10 g/L，琼脂15 g/L，121℃灭菌25 min），在30 ℃下培养24h后作为试验菌株。将固体培养基第三区内繁殖出的单菌落挑取至含有50 mL LB液态培养基的150 mL锥形瓶中，并置于摇床培养24 h得到菌悬液，培养温度为30℃。培养好的菌悬液用血球计数法测得细胞浓度为12.9×10^{10}/ L。

移取500 μL菌液和无菌试样至含有50 mL LB培养液的150 mL锥形瓶中，同时设置不含菌液的对照样，将锥形瓶置于恒温培养箱（DHP-9052, YIHENG, Shanghai）内静置培养，设定温度为30 ℃，取样观察周期为：3 d、6 d、15 d。

试样取出之后，用PBS缓冲液浸泡3 min以洗掉试样表面的浮菌，然后置于2.5%（体积分数）戊二醛溶液内进行细菌的固定，在避光和4 ℃的条件下保存8 h，接着用去离子水冲洗去试样表面的戊二醛，并进行酒精梯度脱水（使用50%、70%、85%和90%的乙醇各脱水一次，每次14 min, 使用100%的乙醇脱水三次，每次15 min）。

7.2.1 蜡状芽孢杆菌生长特征

将CuSO$_4$溶液（通过孔径为0.22μm的滤菌头过滤）加到灭菌LB培养基内，最终形成含有梯度Cu^{2+}浓度的培养基，浓度分别为：0 mg/L、100 mg/L、200 mg/L、300 mg/L、400 mg/L。蜡状芽孢杆菌的生长在100孔板中进行，每个孔内包含200 μL培养液和2 μL菌液，每种浓度设置三组平行样。使用自动生长曲线测试仪（FP-1100-C, Bioscreen, Finland）连续测定细菌的生长曲线，培养温度为30℃，测试波长为600 nm，每两个小时测定一次OD值。

如图7.11所示，蜡状芽孢杆菌在不同浓度的CuSO$_4$中的生长曲线均呈现四个阶段，即：调整期、对数期、平台期和衰亡期。相比于不含Cu^{2+}的自然培养基环

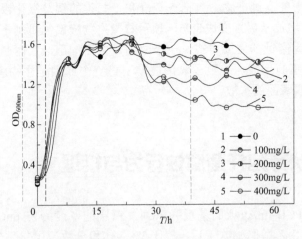

图7.11 蜡状芽孢杆菌在不同浓度CuSO$_4$溶液中的生长曲线

境，细菌在含有Cu^{2+}的培养液中调整期更长，达到平台期后，含Cu^{2+}浓度为100 mg/L和200 mg/L培养基中的细菌生长曲线与自然培养基中的曲线相差不大，而含Cu^{2+}浓度为300 mg/L和400 mg/L培养基中的OD值明显低于自然培养基。对比不同浓度Cu^{2+}下的生长曲线可发现，随着Cu^{2+}浓度的增加，细菌的调整期逐渐延长，达到平台期后，含Cu^{2+}浓度为400 mg/L培养基中的OD值明显低于含Cu^{2+}浓度为300 mg/L培养基中的。

由不同Cu^{2+}浓度中的蜡状芽孢杆菌生长曲线可以看出，蜡状芽孢杆菌有较高的Cu^{2+}耐受性，400 mg/L的$CuSO_4$也无法完全抑制细菌的生长，200 mg/L以下的硫酸铜对该菌的生长没有明显影响，Stephen D.Prior 和 Howard Dalton[6]报道过低浓度的Cu^{2+}可以增强细胞内酶活性，促进蛋白合成，同时让细胞内的膜结构更加紧密。但是，当Cu^{2+}的浓度超过一个临界值后，平台期的细胞浓度会随着离子浓度的增加而减小，这是因为进入平台期后，处于该时期的细菌对重金属离子的抵抗力较弱[7]，环境中的营养物质消耗殆尽，细菌排出的有毒代谢产物积累，因此，细菌的繁殖和衰亡达到了平衡。

众所周知，Cu^{2+}和Ag^+具有杀菌性能。Wala Ghandour 等[8]曾报道过，当$AgNO_3$达到一定浓度后，细胞生长将被完全抑制。M. E. Letelier 等[9]也曾报道，Cu^{2+}的非特异性蛋白质结合性质可以在破坏生物分子的同时增加其促氧化活性。但是，根据相关报道，重金属离子在溶液中对有机物的吸附作用[10]和蜡状芽孢杆菌对重金属离子的生物吸附[11, 12]，使得溶液中的有效重金属离子浓度降低从而降低了毒性。同时，重金属离子对微生物的抑制浓度与微生物的离子耐受性有很大关系。由生长曲线试验可知，低于200 mg/L的$CuSO_4$不能明显地影响蜡状芽孢杆菌生长。此外，低浓度的Cu^{2+}还可以增加蛋白质的合成和促进酶活性，使得细胞具有更紧密堆积的胞质内单核细胞阵列。

7.2.2　蜡状芽孢杆菌腐蚀特点

使用激光共聚焦显微镜（CLSM, VK-X250K, Keyece, Japan）观察不同周期浸泡样的宏观形貌。图7.12为在有菌和无菌溶液中浸泡不同周期后的PCB-ImAg试样的宏观形貌。如图7.12（a）～（c）可见，浸泡在无菌溶液中，随着浸泡时间的增加，试样表面有轻微变色，15 d的对照样表面可见绿色的斑点，但是表面银色仍然完整，这表明在无菌溶液内浸泡后，浸银电路板的银层仍然完整。图7.12（d）～（f）为在有菌溶液中浸泡后的试样表面，浸泡3 d后，试样表面形成了环状的腐蚀形貌，腐蚀圈外侧呈现黄褐色，但是原始的银色基本完整，说明此时银层还没有发生大面积破坏；6 d后，环状的腐蚀圈从中间扩大，中心呈现黄褐色并形成了一些裂纹，腐蚀圈外侧大部分呈现红棕色；15 d后，腐蚀产物圈进一步扩大，大量的腐蚀产物堆积在表面使得试样表面看起来五彩斑斓，原始的银色变为窄带环绕在大片的腐蚀产物周围，这表明在浸泡了15 d后，试样表面被大面积侵蚀，银层遭到了较为严重的破坏。

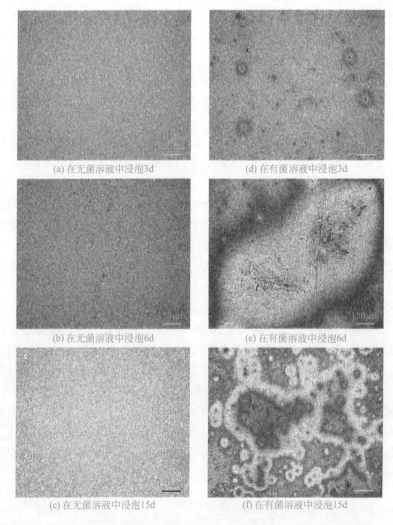

(a) 在无菌溶液中浸泡3d　　　　(d) 在有菌溶液中浸泡3d

(b) 在无菌溶液中浸泡6d　　　　(e) 在有菌溶液中浸泡6d

(c) 在无菌溶液中浸泡15d　　　　(f) 在有菌溶液中浸泡15d

图7.12　在有菌和无菌溶液内浸泡不同周期的PCB-ImAg激光共聚焦图片

　　使用场发射环境扫描显微镜（FESEM, QUANTA FEG 250, FEI, U.S.）观察不同周期试样的微观形貌，图7.13即为在有菌和无菌溶液中浸泡不同周期后PCB-ImAg试样表面的微观形貌。如图7.13（a）、图7.13（b）所示，在无菌溶液内浸泡了3 d和6 d后，试样表面形貌没有发生明显变化，表面致密，没有明显缺陷。图7.13（c）为PCB-ImAg在无菌溶液中浸泡15 d后，试样表面堆积了少量的腐蚀产物，表面轻微粗糙，但是仍然较为致密。图7.13（d）～（f）为试样在有菌溶液中浸泡不同周期后的表面微观形貌，如图7.13（d）所示，浸泡3 d后，试样表面出现了腐蚀产物圈，在放大图中可见腐蚀圈的中心是呈簇状的菌体，该时期的细菌呈现圆球状；图7.13（e）为浸泡6 d后，蜡状芽孢杆菌在试样表面大量聚集，并形成了较为完整的生物膜，局部放大图中可见生物膜呈现网状，该时期的菌体呈现出棒状，这表明蜡状芽孢杆菌已经适应了生长环境，进入了快速生长阶段；图7.13（f）为浸泡15 d后，试样表面形成了明显的凹坑，在腐蚀坑周围堆积了腐蚀产物，在腐蚀坑的局部放大图中仍可见附着的菌体，以及破碎的生物膜，该时期的菌体收缩为圆球状，由此可知该处曾有大量菌体附着生长，直至生物膜破裂使得缺陷可见。由微观形貌可知，虽然PCB-ImAg随着时间的增加会释放出银离子和铜离子，但是并不能阻碍蜡状芽孢杆菌在其表面附着繁殖。

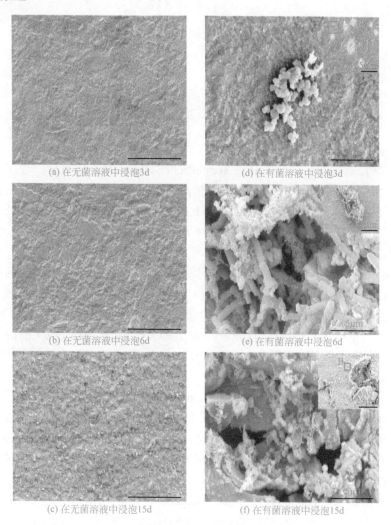

图7.13　在有菌和无菌溶液内浸泡不同周期的PCB-ImAg场发射显微镜图片

　　图7.14为图7.13（c）和图7.13（f）中A处和B处的EDS面扫结果，结合微观形貌可以看出，在无菌溶液中浸泡15 d后，试样银层仍然完整，对基底有很好的保护作用；而在有菌溶液中，Ag的含量很少，Cu的含量很高，这表明试样的铜基底已经大面积暴露在溶液中，同时，试样表面的O含量偏高，这表明试样表面发生了较为

严重的氧化。

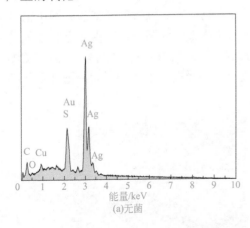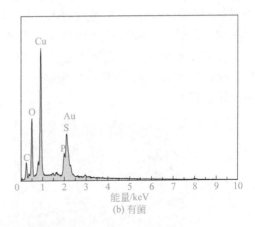

图7.14　在有菌和无菌溶液中浸泡15 d的试样表面的EDS

使用X射线光电子能谱（XPS, SigmaProbe, ThermoFisher, U.S.）对在有菌和无菌溶液中浸泡15 d后的PCB-ImAg试样进行成分分析。图7.15为试样在有菌和无菌培养液中浸泡15 d后，试样表面Cu的2p3/2轨道和Ag的3d5/2轨道的谱线。在无菌试样中，Ag的3d5/2可以分为两个峰，峰1位于368.16 eV处，这可能是Ag、AgCl和$Ag_2O^{[13]}$，峰2位于368.26 eV处，该处应该含有Ag和Ag_2O；Cu的2p3/2可以分为两个峰，根据XPS手册可知，包含Cu单质和CuO。在有菌试样中，Ag的谱线没有出现明显的峰，可见在有菌培养液中浸泡15 d后，试样表面的Ag层已经被大面积地破坏溶解了。Cu的2p3/2峰可以分出五个峰，如图所示，峰1位于932.14 eV，这表明了腐蚀产物中CuS和Cu_2O的存在[14]，位于933.42 eV和933.34 eV的两个峰均表明了CuO的存在[15]。峰4和峰5分别位于935.06 eV和936.77 eV，这表明产物中含有$CuCl_2$和$CuSO_4 \cdot H_2O^{[15,16]}$。

运用拉曼光谱（CRS, inVia-Reflex, Renishaw, U.K.）检测在有菌和无菌溶液中浸泡15 d后PCB-ImAg试样表面的成分。图7.16为在有菌和无菌溶液中浸泡15 d后试样的拉曼光谱。相较于空白对照样的光谱，在有菌溶液内浸泡后的谱线强度更高，这表明由于微生物的侵蚀导致试样表面堆积了更多的腐蚀产物。在低波数的区域，两条光谱呈现出相似的主峰，分别位于：142 cm^{-1}、525 cm^{-1}、613 cm^{-1}和1356 cm^{-1}。位于525 cm^{-1}和625 cm^{-1}的拉曼峰属于Cu_2O的拉曼振动峰[17]。位于142cm^{-1}处的拉曼峰属于CuO的弯曲振动峰。525 cm^{-1}到635 cm^{-1}宽峰表明CuO的存在[18]。位于1356 cm^{-1}的峰表明试样表面存在$Cu_2Cl(OH)_3$和$CuCl_2 \cdot 2H_2O$。值得一提的是，217 cm^{-1}处的拉曼峰仅呈现在有菌试样的光谱中，Dipartement de Recherches Physiques报道过位于该处的拉曼峰属于$CuSO_4 \cdot 5H_2O^{[19]}$，这可能是由于蜡状芽孢杆菌产生的含硫代谢产物导致的。

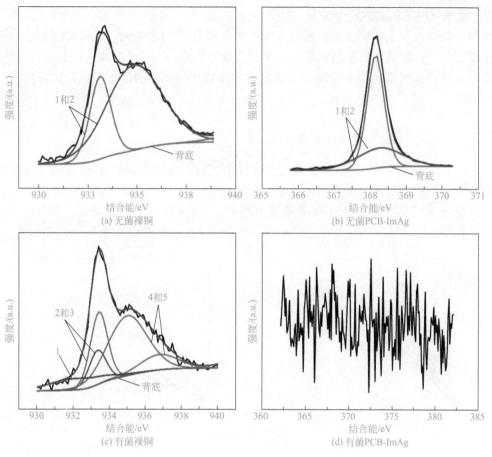

图7.15　PCB-ImAg在有菌和无菌溶液中浸泡15 d后的XPS分析结果

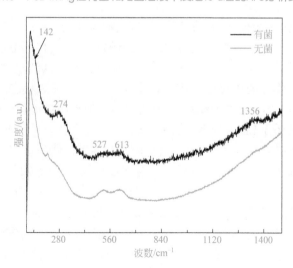

图7.16　PCB-ImAg在有菌和无菌溶液中浸泡15 d后的拉曼分析结果

结合 XPS 和拉摄的分析结果可知，PCB-ImAg 在有菌和无菌溶液中形成的腐蚀产物存在差异。在无菌溶液中，铜的腐蚀产物主要为 CuCl 和 CuO，而有菌溶液中，试样表面除了铜的氧化物和氯化物，还含有大量的 CuS、Cu_2S 和 $CuSO_4 \cdot 5H_2O$，此外，银的谱线并未呈现出明显的波峰，这表明在蜡状芽孢杆菌的作用下，银层遭到了严重破坏。

7.2.3 蜡状芽孢杆菌腐蚀电化学

图 7.17 为 PCB-ImAg 在有菌和无菌溶液中浸泡不同时间后的 Nyquist 图。在两种溶液的谱图中均显示出两个时间常数。比较特别的是，在无菌溶液中浸泡 15 d 后的谱线显示出扩散特征，而在有菌溶液中浸泡 6 d 后便出现了扩散特征。图 7.17（b）表明随着试验时间的增加，生物膜和腐蚀产物在试样表面的附着是一个动态过程。

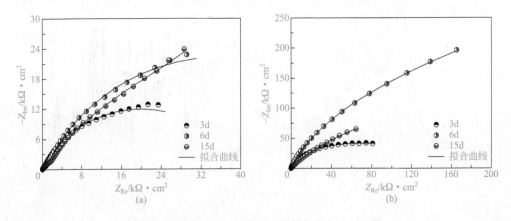

图7.17 PCB-ImAg在有菌和无菌溶液中的Nyquist图

图 7.18 为等效电路图，相关的参数呈现在表 7.4 和表 7.5 中。图 7.18（a）为在无菌溶液中浸泡 15 d 和有菌溶液中浸泡 6 d、15 d 的模型。R_s 代表溶液电阻，R_f 代表膜电阻，R_{ct} 代表电荷迁移电阻，可以表征基底的反应速率，Q_f 和 Q_{dl} 为膜和双电子层的相关参数，由于在实际的电化学反应中，电容往往不是理想状态，所以一般用 CPE 表示实际情况中的电容。表 7.4 和表 7.5 为两种溶液体系中的电化学拟合的相关参数。R_s 的值较低，这是由于 LB 培养液中存在 NaCl；在无菌溶液中，R_{ct} 的值先增加然后略微减小，当试样在无菌溶液中浸泡 6 d 时，部分腐蚀产物覆盖在试样表面，在一定程度上阻碍反应的进行；浸泡 15 d 后，覆盖在试样表面的致密的腐蚀产物膜阻碍了基底的反应速率，从而在对应的谱图上呈现出了扩散阻抗。相比于对照样，在有菌溶液中的 R_f 和 R_{ct} 的值更高，并且先增加后减小。R_f 可以用来描述试样表面的成膜情况，这是一个比较复杂的动态过程，包含了生物膜和腐蚀产物膜的动态过程以及两者之间的相互作用。结合之前的试验结果，可以推测出在有菌溶液中浸泡 3 d 后，蜡状芽孢杆菌在试样表面的堆积导致了 R_f 数值较大；6 d 后，细菌大量繁殖并且在试样

表面形成了成熟生物膜，这阻碍基底铜的反应；第15 d时，银层破损，FIB结果显示银层破损处的铜基底直接暴露在了溶液中并形成了较厚的腐蚀产物膜，这在很大程度上降低了基底的反应从而在谱线上表现出了扩散阻抗，同时，生物膜的破裂导致R_f和R_{ct}稍有降低。

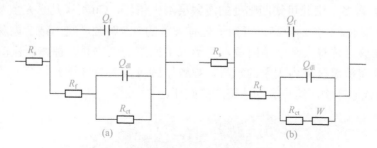

图7.18 在有菌和无菌溶液中浸泡不同周期后EIS的等效电路图

表7.4 PCB-ImAg浸泡在无菌溶液中的拟合参数

T/d	R_s /$\Omega \cdot cm^2$	Q_f /($\mu F/cm^2$)	R_f /$k\Omega \cdot cm^2$	Q_{dl} /($\mu F/cm^2$)	R_{ct} /$k\Omega \cdot cm^2$	W /($\mu F/cm^2$)
3	8.2	27.04	0.3	94.01	39.8	—
6	8.9	15.03	0.8	112.5	70.9	—
15	7.0	16.38	1.6	109.9	29.7	160.60

表7.5 PCB-ImAg浸泡在有菌溶液中的拟合参数

T/d	R_s /$\Omega \cdot cm^2$	Q_f /($\mu F/cm^2$)	R_f /$k\Omega \cdot cm^2$	Q_{dl} /($\mu F/cm^2$)	R_{ct} /$k\Omega \cdot cm^2$	W /($\mu F/cm^2$)
3	9.6	33.09	31.9	22.51	194.9	—
6	9.2	22.21	62.8	8.664	448.6	20.70
15	8.3	19.56	3.1	39.50	231.0	54.20

通过EIS的结果可以很容易看出生物膜的形成和细菌新陈代谢活动在腐蚀过程中起到很大作用。在无菌溶液中，随着浸泡时间的增加，一层致密的腐蚀产物膜覆盖在试样表面，这样可以有效地避免基底铜发生进一步腐蚀。EIS在有菌溶液中的变化是由于细菌的新陈代谢和材料的相互作用引起的。当成熟的生物膜附着在试样表面，相应的R_f和R_{ct}的值也随之增加，较厚的腐蚀产物膜也阻碍了基底的反应。此外，试验后期，大部分蜡状芽孢杆菌生长接近停滞，生物膜破裂，相应的参数值也随之下降。

7.2.4 蜡状芽孢杆菌腐蚀机理

对表面缺陷处进行聚焦离子束（FIB, Zeiss, Germany）检测，图7.19即为表面凹陷处的截面形貌和框选区的元素面分布图。截面形貌图中，A处的Ag层仍然较为完整，并保持着镀层的结构，但是Ag层下面出现空洞，可见此处的Cu基底流失了；截面图中可见较大的凹陷，凹陷区域的表面存在许多褶皱，同时可见其上附着的菌体，表面以下呈现出疏松的结构。由面分布的结果发现，凹陷区域的Cu的含量比Ag的含量高得多，由此可知凹陷处的浸银层消失殆尽，Cu基底几乎完全暴露在介质中；O含量较低，S含量较高，可知该处有大量的含S腐蚀产物。结合微观形貌分析结果，可知该处曾有大量细菌附着，并形成了完整的生物膜，菌体旺盛的代谢活动消耗了生物膜覆盖区域内大量的氧气，导致了凹坑内外O含量的差异，并且产生了大量的含S代谢产物，这也会加速银层的破坏。

(a) 截面形貌

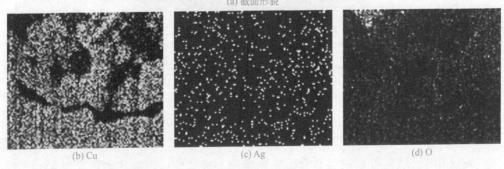

(b) Cu   (c) Ag   (d) O

图7.19　有菌溶液内浸泡15 d后试样表面凹陷处的截面形貌以及框选区域的元素面分布

　　结合表面分析的结果可以发现蜡状芽孢杆菌对PCB-ImAg的腐蚀行为与生物膜的形成以及细菌的新陈代谢有很大关联。在无菌培养液中浸泡15 d后，试样发生了轻微腐蚀，这主要是LB培养基中的Cl$^-$引起的[13]，但是试样表面的Ag层仍然完整，对基底起着良好的保护作用。值得一提的是，新鲜LB培养基的pH值为7.0，试验进行了15 d后，无菌溶液的pH值变为6.86，有菌溶液的pH值变为6.56。蜡状芽孢杆菌在有氧环境下的代谢产物中含有脱落酸等有机酸，导致了pH值的变化，同时酸性环境会加速腐蚀。

　　图7.20为PCB-ImAg在含有蜡状芽孢杆菌的LB培养基内的腐蚀流程图。在有菌

溶液中，由于银对 S 十分敏感，因此细菌产生的大量的含硫代谢产物大大加速了银层的破坏。随后，部分银的化合物在溶液中溶解成为水相化合物，这样便更加有利于细胞附着在基体铜上。生物膜的形成很显然是一个动态过程，其主要成分为胞外高聚物（EPS），生物膜有助于细胞在材料表面的附着并且可以抵御外界不良因素。在试验的初期，试样表面释放出的铜离子可能会促进细胞生长，从而加速基底铜金属的消耗。随后，蜡状芽孢杆菌适应了生长环境并大量繁殖，旺盛的新陈代谢活动消耗了大量的氧气，造成生物膜内外氧气浓度的差异，由此形成氧浓差电池加速了腐蚀，这一点通过不同区域的 EDS 结果可以得到证实。另一方面，试样发生严重的爬行腐蚀，大量的基底铜通过细胞的外排机制扩散到生物膜外，从而导致了缺陷的形成以及腐蚀产物的堆积。

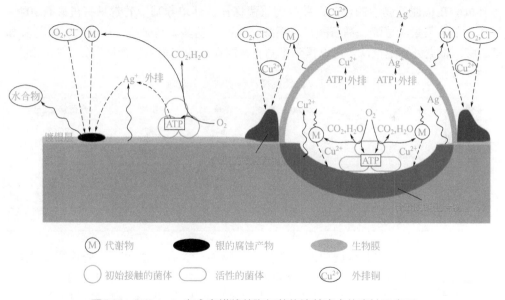

图7.20　PCB-ImAg在含有蜡状芽孢杆菌的培养液中的腐蚀示意图

7.3 典型霉菌腐蚀行为与机理

　　曲霉是自然界中很常见的霉菌，广泛存在于土壤、空气和农作物上，部分曲霉可引起多种物质的霉腐，有的还能危及人体健康。服役的设备材料极容易发生微生物腐蚀，同时霉菌的体积较大，一旦条件适宜，生长出的菌丝便会大面积地覆盖在材料表面，使得霉菌成为引起材料微生物腐蚀的主要因素。选择空气中常见的曲霉属菌开展周期性模拟试验，采用高效液相色谱法定量分析该菌种代谢酸的情况，同时通过不同材料的周期试验，观察曲霉属菌在 PCB-HASL 上的生长形态，并探究其腐蚀特点。

7.3.1 曲霉属菌代谢产物

将纯铜块和纯锡块（1 cm×1 cm×0.5 cm）用环氧树脂封在PVC管中，并且用砂纸打磨试样，从80号打磨至800号，接着用无水乙醇对打磨好的试样进行超声除油并吹干。将制好的曲霉属菌孢子悬液通过灭菌喷雾瓶喷至试样表面（1 s喷一下，共喷10下，大约300 μL），用封口膜和报纸封好置于恒温恒湿箱中（温度30℃、相对湿度90%），同时，每隔24 h以相同方式补充灭菌PDB培养基，培养周期为5 d、10 d、15 d。按时将试样取出后进行固定和脱水处理，接着观察其微观和宏观形貌。

采用Thermo Fisher UltiMate 3000高效液相色谱仪的代谢产物谱图中的峰面积测试各有机酸在代谢产物中的含量，并得到该菌株在自然培养基中的常见有机酸有10种，分别为：儿茶素、草酸、酒石酸、苹果酸、乳酸、乙酸、马来酸、柠檬酸、富马酸和丁二酸。根据外标定量法，可以得到不同有机酸在代谢产物中的含量，如表7.6所示。

表7.6 曲霉属菌代谢有机酸及含量

序号	有机酸	含量/(mg/kg)	序号	有机酸	含量/(mg/kg)
1	儿茶素	5.56	6	乙酸	226.66
2	草酸	68.17	7	马来酸	51.19
3	酒石酸	49.42	8	柠檬酸	5.12
4	苹果酸	110.00	9	富马酸	211.65
5	乳酸	10.91	10	丁二酸	36.87

由表7.6可知，在曲霉属菌的自然代谢产物中，含有草酸和丁二酸这类中强酸，以及乙酸等多种弱酸，可见曲霉属菌在PDB培养基中可以产生多种有机酸，并且产生的大多数有机酸的含量并不是很低。由此可推断出，当该菌株与材料接触时，如若环境适宜，那么曲霉属菌会迅速生长繁殖，通过代谢释放出多种有机酸，在材料表面营造酸性环境，加速材料的腐蚀。

7.3.2 曲霉属菌在铜和锡表面生长规律

图7.21为曲霉属菌喷至铜和锡表面后培养5 d、10 d和15 d后试样表面的宏观形貌，图7.21（a）、图7.21（c）、图7.21（e）为铜表面的宏观形貌，5 d的时候，铜试样表面的颜色明显变深，不再是纯铜本来的红色；10 d之后，试样表面的部分区域偏绿，可见此时试样表面已经形成了铜绿层，同时试样表面聚集了一些白色的丝状物，根据曲霉属菌的生长形态可知，该菌株的菌丝活跃区为白色，那么可以推测此时，试样表面的部分孢子已经适应了表面环境并开始营养生长，因此可见试样表面的菌丝，但此时菌丝仍然比较稀疏，没有形成菌丝体；15 d后，已经几乎看不见铜

表面，整个表面几乎变为深绿色，由于曲霉属菌的成熟菌丝为黑褐色，因此可以推断该层物质不仅含有菌丝体，还含有铜的腐蚀产物，此时霉菌的菌丝已经和腐蚀产物混合在一起。图7.21（b）、图7.21（d）、图7.21（f）为锡表面的宏观形貌，5 d时，试样表面部分区域还保留了锡的银亮色泽，但是已经可以看到部分区域发黑；10 d后，菌丝体不断扩大，形成了较大面积的菌丝体，同时菌丝体之间开始连接融合，菌丝体附近的锡表面已经明显没有了裸锡的色泽，颜色暗淡；15 d后，菌丝体几乎长成了一大片，完全覆盖了试样表面，形成了厚厚的菌丝体层。

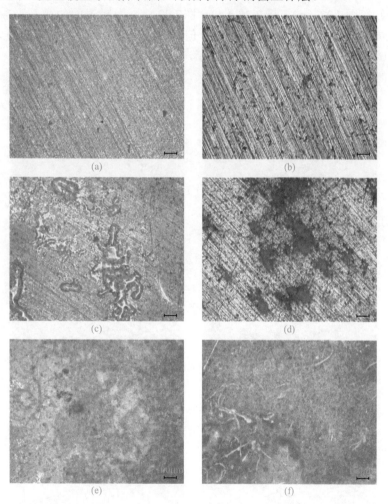

(a)

(b)

(c)

(d)

(e)

(f)

图7.21　曲霉属菌在铜[(a)、(c)、(e)]和锡[(b)、(d)、(f)]表面的宏观形貌

图7.22为曲霉属菌喷至铜和锡表面后培养5 d、10 d和15 d后试样表面的SEM形貌，图7.22（a）、图7.22（c）、图7.22（e）为铜表面的微观形貌，5 d时，试样表面出现了明显的龟裂，同时有少量的腐蚀产物堆积在表面，试样表面散落了少量的孢子，由于此时曲霉属菌的孢子还没有明显变化，可能仍处于适应和休眠期，那么这

种表面变化可能是PDB培养基引起；10 d时，试样表面堆积了大量的孢子，此时孢子体积膨胀，有的已经发育出了较长的菌丝，同时膨胀的孢子下面可见铜表面的裂纹，根据霉菌孢子的萌发规律可知，此时大量孢子适应了生长环境并开始营养生长，同时由于霉菌代谢作用以及菌丝的吸湿功能在试样表面加剧了裂纹的形成；15 d后，试样表面遍布了成熟菌丝，菌丝之间相互融合形成了网状形貌，同时菌丝交汇处附近堆积了部分腐蚀产物，并且在菌丝体下层存在明显的裂缝，由此可知曲霉属菌在铜表面培养15 d后，试样表面发生了较为明显的破坏，腐蚀产物堆积，并且形成了连贯的裂纹。图7.22（b）、图7.22（d）、图7.22（f）为锡表面的微观形貌，5 d时，试样表面局部区域堆积了一些腐蚀产物，但是总体变化不大，仍然为打磨后的划痕，同时可见试样表面附着了大量圆形的孢子，孢子形态较小还未开始膨胀，由此推断曲霉属菌的孢子虽然还没有开始营养生长，但是大部分孢子已经在材料表面形成了

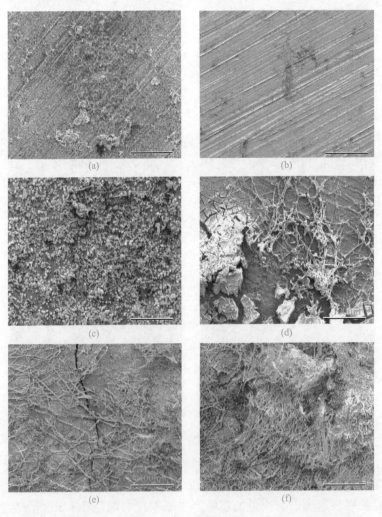

图7.22　曲霉属菌在铜[(a)、(c)、(e)]和锡[(b)、(d)、(f)]表面的SEM形貌

有效附着；10 d后，曲霉属菌在锡表面已经形成了网状的菌丝，同时引起了试样表面的皲裂和破损；15 d后，试样表面覆盖了大量的菌丝，霉菌生长过于旺盛，几乎无法看清菌丝体下面的情况，不过从试样表面的起伏程度可以推测出试样表面应该破坏比较严重。

由曲霉属菌在铜和锡表面的生长形貌来看，该菌株在铜和锡表面的生长规律存在一定的差别。由于锡本身无毒，因此对于曲霉属菌并不存在影响，孢子可以大量附着并且迅速开始营养生长，而曲霉属菌在铜表面的生长情况略有不同，由于铜的两面性，因此在附着初期便对一部分孢子进行选择，无法适应生长环境的孢子便无法形成有效附着，但由前期的生长试验可知曲霉属菌具有较高的铜离子耐受性，并且一定浓度的铜离子可以促进其生长，因此在培养一定阶段后，菌株也开始了营养生长，但总地来说经过15 d的培养，铜表面的菌丝并没有锡表面的茂盛，这也是后期铜离子毒性的体现。霉菌旺盛的新陈代谢活动产生了大量的有机酸，同时菌丝的吸湿作用使得试样表面长期处于湿润状态，加速了材料的破坏。较为有趣的是，在试验初期，两种材料表面的孢子均未开始发育，但是两种材料具有不同的表面状态，这可能是PDB中的某种成分对铜存在一定的腐蚀作用，但是对锡的影响不大，由此推测铜试样表面变得粗糙将更加利于孢子的进一步附着。

7.3.3　曲霉属菌腐蚀特点

图7.23为曲霉属菌在PCB-HASL试样表面培养5 d、10 d、15 d后的宏观形貌，图7.23（a）为5 d后的表面宏观形貌，培养5 d后已经可以看到成熟的黑色菌丝，并且菌丝之间连接融合形成了网状的菌丝体结构，同时，菌丝下面局部区域变成了墨绿色，根据颜色来看，墨绿色的腐蚀产物中可能含有铜绿，此时曲霉属菌已经对试样表面造成了破坏；10 d后，试样表面几乎全部变为墨绿色，同时曲霉属菌生长旺盛几乎覆盖了试样表面，依稀可见墨绿色产物的下层为锡层的颜色；15 d后，试样表面的墨绿色产物明显发生了皲裂，裂缝中可见锡层的色泽。此时试样表面已经发生了较为严重的破坏，表面出现很明显的裂纹，同时菌丝十分密集，几乎覆盖整个表面。

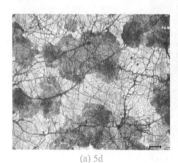  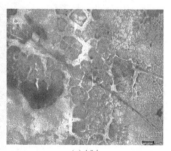

(a) 5d　　　　　　　　　　(b) 10d　　　　　　　　　　(c) 15d

图7.23　曲霉属菌在PCB-HASL表面的宏观形貌

图7.24为曲霉属菌在PCB-HASL表面培养不同周期后的表面微观形貌，图7.24（a）为培养5 d后的表面微观形貌，试样表面已经很明显地有菌丝附着，同时在密集的菌丝周围，试样表面已经明显地起泡，并且局部区域形成了空洞；图7.24（b）为培养10 d后，试样表面的菌丝明显增多并且交叉呈网状结构，同时，试样表面形成了明显的裂纹以及腐蚀产物脱落，并且菌丝下面的试样表面呈现出了颗粒状；图7.24（c）为培养15 d后，试样表面大面积地出现裂纹和腐蚀产物脱落，同时菌丝体附近堆积了颗粒状的腐蚀产物，此时菌丝体已经开始形成孢子，这说明15 d后，随着试样表面释放的铜离子开始增加，部分菌丝不再适应当下的环境，很难继续进行营养生长，因此开始大量产生孢子。

 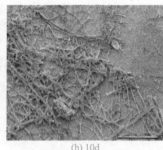 

(a) 5d　　　　　　　　　　(b) 10d　　　　　　　　　　(c) 15d

图7.24　曲霉属菌在PCB-HASL表面的微观形貌

7.3.4　曲霉属菌腐蚀机理

图7.25为试验进行5 d后的微观形貌，如图可见菌丝下面形成了明显的坑（图中标识2处），可见坑内凹凸的表面，同时周围堆积了疏松的腐蚀产物（图中标识1），即为表面起泡的部分。根据EDS结果，图中标识1处的Sn和Cu的含量比为48：13，图中标识2处的Sn和Cu的含量比为11：15，由此可知图中标识1处的疏松的结构主要为Sn的腐蚀产物，图中标识2处的锡层几乎破坏，基底铜直接暴露在环境中。

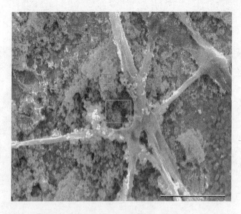

图7.25　曲霉属菌在PCB-HASL表面培养5 d的腐蚀形貌

图7.26为试验进行10 d后的微观形貌，其中，图7.26（a）试样表面呈现出块状起皮，从形貌上看起皮处结构致密，根据该处的元素分布可知，此处O含量较高，同时Sn的含量明显高于Cu的含量，因此可以推测出起皮处应主要为锡层的氧化物，并且由于试验为温湿交替的条件，因此氧化严重；图7.26（b）为菌丝体下面的试样表面，表面呈现出颗粒状，由能谱分析可知，此处的Sn：Cu为17：20，可见此处喷锡层已经脱落，基底铜暴露在了环境中，但是这里的O含量明显比较低，由此推测试样表层的喷锡层剥落后，菌丝继续覆盖在基底上生长消耗周围的氧气并且基底接触氧气的时间也较短，所以导致菌丝下面的O含量较低。

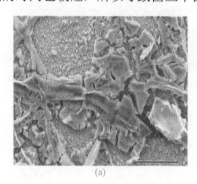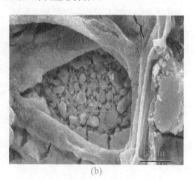

（a）　　　　　　　　　　　　　　　　　（b）

图7.26　曲霉属菌在PCB-HASL表面培养10 d的腐蚀形貌

图7.27为试验进行15 d后的微观形貌，图7.27（a）为试样表面的裂纹部分，从图中可以看出颗粒状的表面上还附着了大量的片层状物质。图7.27（b）显示出部分裂纹存在分层，可见裂纹有三层结构，最上面的是致密的起皮处（图中标识5处），下面的局部区域附着了一层也较为致密的物质（图中标识6处），从形貌上看这层物质较薄，最下面的是凹凸不平的表面。根据EDS结果，图中标识5处的Sn含量和O含量最高，图中标识6处次之，图中标识7处最低，由此可知起皮处应该为锡层，并且在锡层剥离后会残留部分的锡覆盖在基底金属上，一部分基底金属也暴露在外，这其中较为特别的是图中标识7处没有S的存在，这可能是该处的裂缝较小同时暴露时间也较短，还没有受到代谢产物和霉菌生长的影响。图7.27（c）为表面起皮处附着的大量的片层状物质，图7.27（d）可见这种物质由大量的片状产物堆积而成，并且具有一定的三维结构。根据EDS结果，这种片状结构中Cu和O的含量相当高，因此这种结构应该以铜的氧化物为主，同时结构中含有较多的C，根据真菌的生理学，C的两大基本功能，一个是为生命过程提供能源，另一个则是构成细胞的基本骨架，碳链支撑起了菌丝和孢子的三维结构，由碳的分布可以看出霉菌的附着和代谢情况，此处碳含量较高，同时P和S的含量也较高，这些均为代谢产物中常有的元素，因此这种产物可能是代谢产物引起的腐蚀。

图7.27　曲霉属菌在PCB-HASL表面培养15 d的腐蚀形貌

表7.7　PCB-HASL不同区域腐蚀产物EDS结果　　　　　单位：%

项目	C	O	P	S	Sn	Cu
1	20.56	12.16	04.26	00.94	48.83	13.25
2	13.01	07.16	00.51	00.17	33.75	45.40
3	18.21	20.65	02.24	00.88	48.37	09.65
4	14.25	04.94	01.00	00.86	33.19	45.76
5	15.34	16.01	01.71	00.40	55.67	10.87
6	7.75	04.50	00.63	00.24	52.37	34.51
7	05.86	02.57	00.24	0	28.53	62.80
8	20.5	24.91	01.34	00.88	10.39	41.98

　　表7.7为PCB-HASL不同区域腐蚀产物EDS结果。对比一下不同周期和不同区域的元素含量可以发现，在5 d和10 d时，当Sn/Cu的值较高时，氧的含量也相对高一些，由此可以推测出试样表面的锡先发生了大面积氧化，而在下层的铜接触空气

的时间较短，因此氧含量也相对较低一些；而试验进行15 d后，试样表面的锡发生了大面积的脱落，与此同时大量的铜的腐蚀产物迁移到了试样的表面直接与空气接触，这就使得腐蚀产物中含有较多的铜的氧化物，而裂缝处的基底铜相对于迁移到表面的铜而言接触氧的面积较小，因此氧含量也相对少一些。

图7.28为曲霉属菌在PCB-HASL表面培养15 d后的XPS谱图，由试样表面的XPS结果可知，锡层的主要腐蚀产物为SnO_2，这与EDS的结果是吻合的，铜的腐蚀产物中含有大量的氧化物，这跟试验条件有很大关系，同时腐蚀产物中含有CuS、$CuNO_3$和$CuSO_4$，S和N基本都来源于微生物的代谢产物，因此这类腐蚀产物应该是由于微生物代谢引起的。

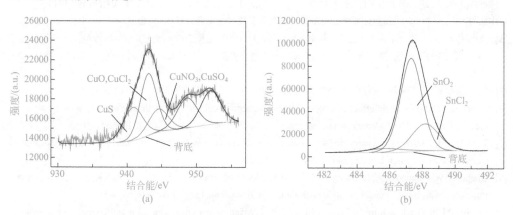

图7.28　曲霉属菌在PCB-HASL表面培养15 d后的XPS谱图

曲霉属菌在生长曲线的试验中表现较为突出，对铜离子的耐受性较强，并且在铜离子浓度在0 ～ 200 mg/L时，铜离子表现为促进曲霉属菌菌株生长。根据相关文献报道，霉菌细胞壁可以结合重金属离子，从而降低体系中铜离子的浓度[20]，Tamer Akar[21]报道过黄曲霉的细胞壁上有结合位点，可以吸附一定量的铜离子，这也使得霉菌对铜离子的耐受性提高。由高效液相色谱法检测出曲霉属菌可以产生多种有机酸，小部分为中强酸，大部分为弱酸，酸性环境会大大促进腐蚀的进行。

将曲霉属菌的孢子悬液喷至纯铜和纯锡表面进行周期性培养后，通过形貌分析可以发现菌株在铜和锡表面上的生长特性存在显著差异，由于锡本身没有毒性，因此霉菌孢子可以迅速附着在其表面上并迅速开始营养生长，反观铜表面在5 d时，试样表面较为干净，没有发现附着的孢子，由此推测此时曲霉属菌孢子在铜表面没有形成有效附着，同时试样表面变得较为粗糙，这可能是PDB培养基对铜有一定的腐蚀作用。曲霉属菌在PCB-HASL表面的模拟试验发现，菌株孢子也没有出现明显的适应期，这和纯金属的试验现象相吻合，并且培养15 d后，试样表面的菌丝没有纯锡上的菌丝茂密，这也与后期材料中的铜离子大量释放，使得环境中铜离子毒性体现出来有关。试样表面附着的菌丝消耗大量的氧气，使得菌丝附近和未被菌丝附着的部分形成了氧浓差，同时曲霉属菌代谢产酸使得材料表面处于酸性环境，从而加快了腐蚀。较为有趣的是，曲霉属菌在PCB-HASL上引起了材料的分层，根据EDS分析中Sn∶Cu值的变化发现，试样表面的喷锡层逐步剥离。与此同时菌丝附近堆积了大量的腐蚀产物，同时从5 d的形貌来看，菌丝下面的材料形成了明显的破损，露出了基底铜。根据XPS分峰结果可知，PCB-HASL基底铜的腐蚀产物主要是铜的氧化物，同时存在一部分CuS等，应该与代谢产物对基底的侵蚀有关。

参考文献

[1] 黄烨,刘双江,姜成英. 微生物腐蚀及腐蚀机理研究进展[J]. 微生物学通报，2017，44(07)：1699-1713.

[2] 宗月,谢飞,吴明,等. 硫酸盐还原菌腐蚀影响因素及防腐技术的研究进展[J]. 表面技术, 2016, 45(03): 24-30+95.

[3] 张燕,林晶,于贵文. 304不锈钢的微生物腐蚀行为研究[J]. 表面技术, 2009, 38(03): 44-45+89.

[4] 梅朦,郑红艾,高阳,等. 循环冷却水含铁细菌对20碳钢管壁腐蚀的影响[J]. 材料保护, 2017, 50(01): 26-29+44.

[5] 姚蓉,张秋利,秦芳玲,等. 铁细菌对J55钢腐蚀行为的影响[J]. 腐蚀与防护, 2016, 37(03): 206-209.

[6] Prior S D, Dalton H. The effect of copper ions on membrane content and methane monooxygenase activity in methanol-grown cells of *Methylococcus capsulatus* (Bath)[J]. Microbiology, 1985, 131(1): 155-163.

[7] Teitzel G M, Parsek M R. Heavy metal resistance of biofilm and planktonic *Pseudomonas aeruginosa*[J]. Applied and environmental microbiology, 2003, 69(4): 2313-2320.

[8] Ghandour W, Hubbard J A, Deistung J, et al. The uptake of silver ions by *Escherichia coli* K12: toxic effects and interaction with copper ions[J]. Applied microbiology and biotechnology, 1988, 28(6): 559-565.

[9] Letelier M E, Sánchez-Jofré S, Peredo-Silva L, et al. Mechanisms underlying iron and copper ions toxicity in biological systems: Pro-oxidant activity and protein-binding effects[J]. Chemico-biological interactions, 2010, 188(1): 220-227.

[10] Thurman R B, Gerba C P, Bitton G. The molecular mechanisms of copper and silver ion disinfection of bacteria and viruses[J]. Critical reviews in environmental science and technology, 1989, 18(4): 295-315.

[11] Hasan H A, Abdullah S R S, Kofli N T, et al. Interaction of environmental factors on simultaneous biosorption of lead and manganese ions by locally isolated *Bacillus cereus*[J]. Journal of Industrial and Engineering Chemistry, 2016, 37: 295-305.

[12] Li L, Hu Q, Zeng J, et al. Resistance and biosorption mechanism of silver ions by *Bacillus cereus* biomass[J]. Journal of Environmental Sciences, 2011, 23(1): 108-111.

[13] Yan L, Xiao K, Yi P, et al. The corrosion behavior of PCB-ImAg in industry polluted marine atmosphere environment[J]. Materials & Design, 2017, 115: 404-414.

[14] Novakov T. X-Ray Photoelectron Spectroscopy of Solids; Evidence of Band Structure[J]. Phys Rev B, 1971, 3(8):1310-1312.

[15] Matjaž Finšgar. EQCM and XPS analysis of 1,2,4-triazole and 3-amino-1,2,4-triazole as copper corrosion inhibitors in chloride solution[J]. Corrosion Science, 2013, 77(1):350-359.

[16] Frost D C, Ishitani A, Mcdowell C A. X-ray photoelectron spectroscopy of copper compounds[J]. Molecular Physics, 1972, 24(4):861-877.

[17] Kosec T, Qin Z, Chen J, et al. Copper corrosion in bentonite/saline groundwater solution: Effects of solution and bentonite chemistry[J]. Corrosion Science, 2015, 90:248-258.

[18] Frost R L. Raman spectroscopy of selected copper minerals of significance in corrosion.[J]. Spectrochimica Acta

Part A Molecular & Biomolecular Spectroscopy, 2003, 59(6):1195-1204.

[19] Berger J. Infrared and Raman spectra of $CuSO_4 \cdot 5H_2O$; $CuSO_4 \cdot 5D_2O$; and $CuSeO_4 \cdot 5H_2O$[J]. Journal of Raman Spectroscopy, 1976, 5(2): 103-114.

[20] Xu J F, Ji W, Shen Z X, et al. Raman spectra of CuO nanocrystals[J]. Journal of Raman Spectroscopy, 2015, 30(5):413-415.

[21] Akar T, Tunali S. Biosorption characteristics of *Aspergillus flavus* biomass for removal of Pb(II) and Cu(II) ions from an aqueous solution[J]. Bioresource Technology, 2006, 97(15):1780-1787.

第 *8* 章
电子材料在电场作用下的腐蚀行为

电子元器件在使用过程中，往往还受到电场的作用。电化学反应生成的阳离子、阴离子分别向阴极区和阳极区迁移，电场对电化学反应影响显著。由于腐蚀介质为金属表面的吸附薄液层，氧扩散容易，大气腐蚀过程不受阴极过程（氧的去极化）控制；阳极过程中金属离子的水化和扩散过程困难，是腐蚀的控速步骤。就电场而言，如果当阳极与阴极间的电解质中有与腐蚀电池一致的电场存在，会加速阴、阳离子的迁移速度，进而加速腐蚀速率，反之腐蚀减缓。在电子器件中，不同导电路径间有电位差时，高电位的导体作为阳极会发生金属的电解溶解。随着电子器件的集成度增大，线路之间距离缩短（<1 μm），电场对腐蚀的影响日益显著。

由腐蚀引起的电化学迁移（electrochemical migration，ECM）是电子产品特别是PCB和微电子器件失效最主要的原因[1]。当存在电位梯度时，既可影响单一金属的腐蚀行为，也可能影响更多金属耦合的电偶腐蚀行为。电化学迁移包括阳极溶解、电场作用下的离子迁移和阴极还原沉积。由于集成度高，即使工作电压只有几伏特，PCB上相邻线路的电场强度也可达10^4~10^5 V/m。电场梯度越大，电化学迁移越快，甚至在数十分钟内就可导致电路失效。电化学迁移有两种形式，一种是金属离子迁移到阴极还原沉积形成枝晶并向阳极方向生长[1,2]，另一种是从阳极向阴极生长的导电阳极丝（conducting anodic filaments，CAFs）[3]。金属的腐蚀电化学迁移最终会造成电路的短路漏电流，从而导致系统的失效。

本章通过体式学显微镜、扫描电镜（SEM）、X射线能谱分析（EDS）和扫描Kelvin探针（SKP）测试技术对带电工作状态下的PCB在湿热环境中的腐蚀行为进行研究，探究线间距和电压大小对PCB腐蚀行为的影响。印刷电路板基本参数如表3.1所示，其中试样有效尺寸为3 mm×20 mm。

8.1 不同电压作用下的PCB腐蚀行为

8.1.1 PCB-Cu腐蚀行为

在不同电压作用下线间距为100 μm的PCB-Cu试验24 h后的体式学形貌照片如图8.1所示，从图中可以看出，随着电压的不断增加，极板的变色越来越明显。如图8.1（b）所示，15 V电压下，阴极板表面变成棕褐色；如图8.1（c）所示，25 V电压下，阴极板表面变成黑色，阳极板表面变成棕褐色。25 V的电压下，阳极板边缘上腐蚀产物析出比较显著，局部区域出现短路点。

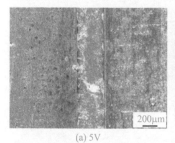

(a) 5V   (b) 15V   (c) 25V

图8.1 在不同电压作用下线间距为100 μm的PCB-Cu试验24 h后的体式学形貌照片

PCB-Cu在不同电压下试验24 h后的能谱线扫描结果如图8.2所示，Cu元素在5 V和15 V电压下没有明显迁移，在25 V电压下发生明显迁移，甚至迁移至阴极板，构成短路。

图8.3为不同加载电压试验24 h后PCB-Cu的SKP电位分布图，图8.4为不同加载电压试样表面SKP电位分布的Gauss拟合曲线，拟合公式[4]：

$$y = y_0 + \frac{A}{\sigma\sqrt{\pi/2}} \exp[-2(x-\mu)^2 / \sigma^2] \qquad (8.1)$$

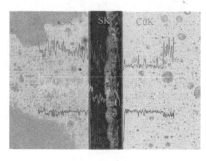
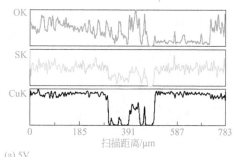

(a) 5V

图8.2

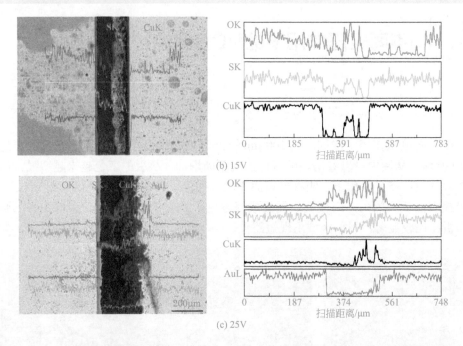

(b) 15V

(c) 25V

图8.2　在不同电压作用下线间距为100 μm的PCB-Cu试验24 h后的EDS能谱线扫描结果

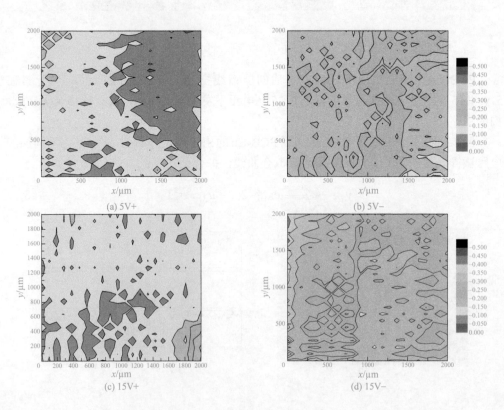

(a) 5V+

(b) 5V−

(c) 15V+

(d) 15V−

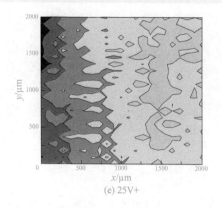
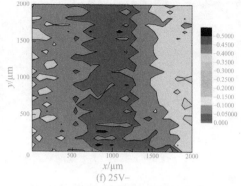

图8.3　不同加载电压试验24 h后PCB-Cu的SKP电位分布图

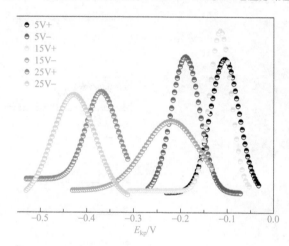

图8.4　不同加载电压试验24 h后PCB-Cu的SKP电位分布的Gauss拟合曲线

式中，A为常数；y_0为纵坐标偏移量。$N(\mu,\sigma^2)$ 为高斯分布，其中μ表示高斯分布的期望，在这里表示电位分布的集中位置，σ^2表示高斯分布的方差，在这里表示电位分布的集中程度，该值越小，电位分布集中于期望μ。

从图8.1和图8.3中可以看出，试样表面生成的褐色腐蚀产物使得表面伏打电位E_{kp}降低，这可能是因为在电压驱动过程中，试样表面发生腐蚀性离子集聚，更易于形成吸附薄液膜，从而导致腐蚀反应的发生。随着加载电压的升高，阴阳极板的金属离子化过程更进一步，腐蚀现象更加明显，E_{kp}值更低，更易于发生腐蚀。

8.1.2　PCB-ImAg腐蚀行为

在不同电压作用下线间距为100 μm的PCB-ImAg试验24 h后的体式学形貌照片如图8.5所示，从图中可以看出，随着电压的增加，阳极板边缘的腐蚀产物增多，极板间的腐蚀产物逐渐增多，迁移行为逐渐明显。

(a) 5V　　　　　　　　(b) 15V　　　　　　　　(c) 25V

图8.5　在不同电压作用下线间距为100 μm的PCB-ImAg试验24 h后的体式学形貌照片

从图8.6能谱线扫描结果可以看出，5 V电压下，没有Cu和Ag元素迁移现象，说明5 V电压不足以构成腐蚀产物迁移的驱动力；15 V电压下，有少量Cu从阳极板

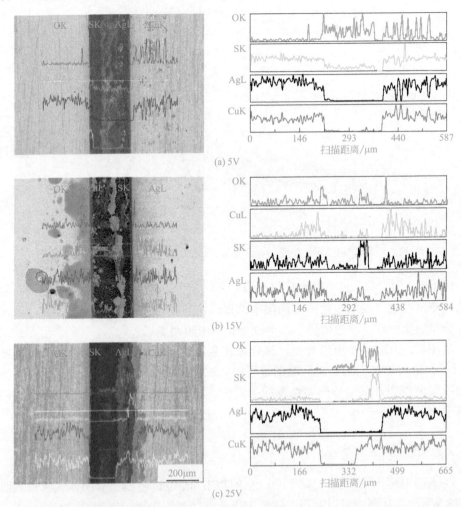

图8.6　恒定线间距为100 μm的PCB-ImAg在不同电压作用下试验24 h后的EDS能谱线扫描结果

向阴极板迁移，但不明显；25 V 电压下，Cu 的腐蚀产物发生明显迁移现象，但未造成大面积短路现象。

图 8.7 为不同加载电压试验 24 h 后 PCB-ImAg 的 SKP 电位分布图，只是在 25 V 加载电压下，图 8.7（b）中试样阳极板的 E_{kp} 值出现略微下降。图 8.8 为不同加载电压试验 24 h 后的 SKP 电位分布的 Gauss 拟合曲线，可以看出拟合曲线比较集中，试样表面伏打电位 E_{kp} 变化不大，表明试样表面腐蚀现象不明显。

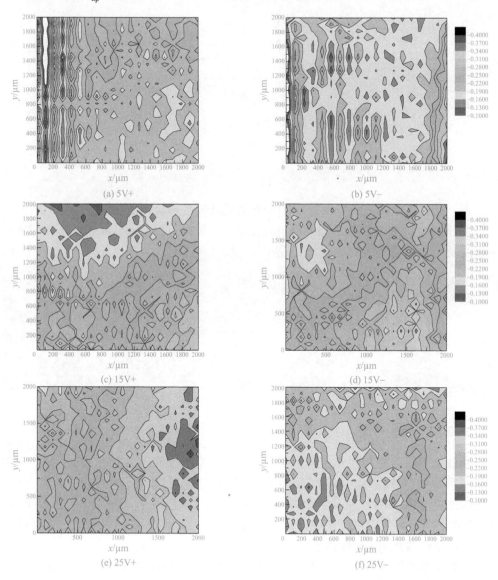

图 8.7　不同加载电压试验 24 h 后 PCB-ImAg 的 SKP 电位分布图

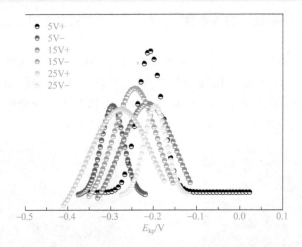

图8.8   不同加载电压试验24 h后PCB-ImAg的SKP电位分布的Gauss拟合曲线

8.1.3   PCB-ENIG腐蚀行为

在不同电压作用下线间距为100 μm的PCB-ENIG试验24 h后的体式学形貌照片如图8.9所示，从图中可以看出，随着电压从5 V增加到15 V，极板表面形貌变化不大，这是因为Au很稳定，对基底Cu箔保护效果很好。

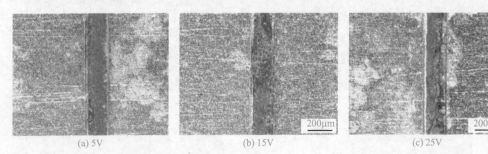

图8.9   恒定线间距为100 μm的PCB-ENIG在不同电压作用下试验24 h后的体式学形貌照片

从图8.10能谱线扫描结果可以看出，加载5 V电压的PCB-ENIG几乎没有发生腐蚀，可以看到Au和Cu元素均没有发生迁移。加载15 V电压的PCB-ENIG当中，Au依旧没有发生迁移，但有少量的Cu元素迁移到了间隙上。加载25 V电压的PCB-ENIG当中，Au元素没有发生迁移，Cu元素发生少量迁移，在阳极板附近大量硫元素存在，这时的PCB-ENIG存在一定量的短路点。

图8.11为不同加载电压试验24 h后PCB-ENIG的SKP电位分布图，从图中可以看出，5 V的试样表面电位偏高，总体分布比较均匀；15 V的试样总体电位有所降低，局部表面SKP电位分布出现不均；25 V的试样表面局部出现腐蚀产物，表面电位差值变大，电位分布不均匀。图8.12为不同加载电压试验24 h后PCB-ENIG的SKP电

位分布的 Gauss 拟合曲线。通过对不同电压下的 SKP 电位整体期望对比，可以看出，随着电压的加大，整体电位期望降低，标准差变大，电位分布更加不均匀。

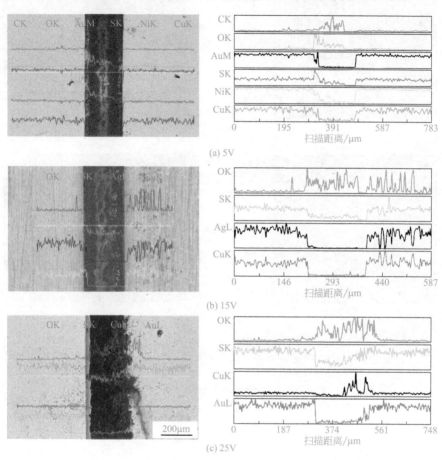

图8.10　不同电压作用下线间距为100 μm的PCB-ENIG试验24 h后的EDS能谱线扫描结果

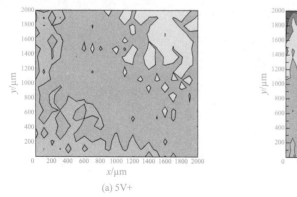

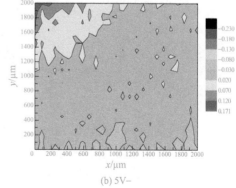

图8.11

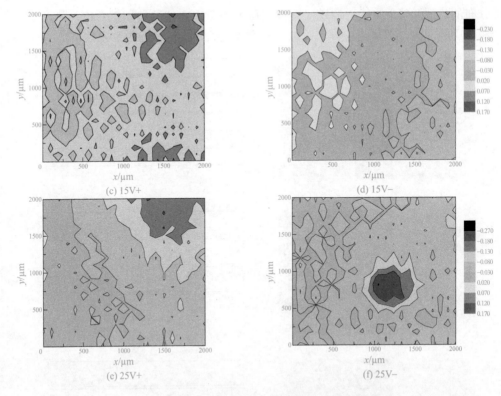

图8.11 不同加载电压试验24 h后PCB-ENIG的SKP电位分布图

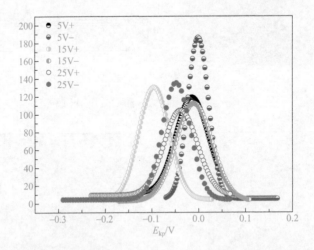

图8.12 不同加载电压试验24 h后PCB-ENIG的SKP电位分布的Gauss拟合曲线

8.1.4 PCB-HASL腐蚀行为

在不同电压作用下线间距为100 μm的PCB-HASL试验24 h后的体式学形貌照片

如图8.13所示，从图中可以看出，PCB-HASL 的腐蚀情况非常严重，加载5 V电压的PCB-HASL 极板表面已经发生明显腐蚀；加载15 V电压时腐蚀产物已经完全覆盖极板间隙，几乎已经完全短路。与其他几种PCB的区别是，PCB-HASL 的阴极板盐粒聚集非常明显。

从图8.14能谱线扫描结果可以看出，加载5 V电压的PCB-HASL中，阴极板边

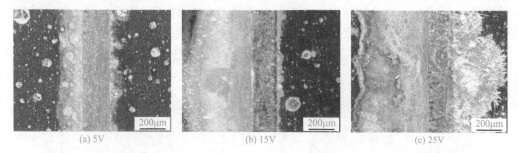

图8.13　在不同电压作用下线间距为100 μm的PCB-HASL试验24 h后的体式学形貌照片

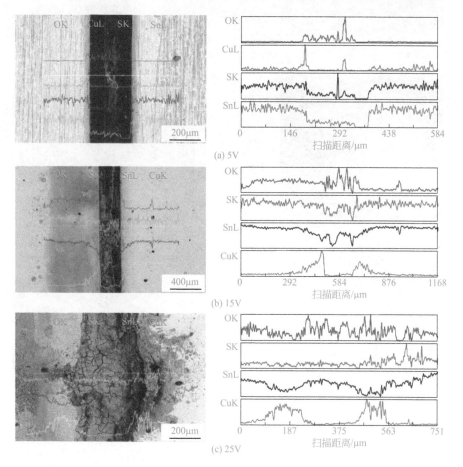

图8.14　不同电压作用下线间距为100 μm的PCB-HASL试验24 h后的EDS能谱线扫描结果

界的Cu含量很高，说明此处的喷Sn膜发生破损，基底上的Cu裸露出来；同时，在Sn膜破损的地方氧含量高于极板其他区域，这是由于此处的Cu和Sn被空气中的氧气氧化生成了对应的氧化物。

图8.15为不同加载电压试验24 h后PCB-HASL的SKP电位分布图，从图中可以看出，阴阳极极板的趋势相反。在阳极板上，5 V的试样表面伏打电位E_{kp}很低，25 V试样表面E_{kp}最高，在电位图中呈现明亮的暖色调；在阴极板上，5 V的试样表面E_{kp}比较高，15 V的试样表面有所降低，25 V的试样表面电位最低。这是由于Cu、Sn

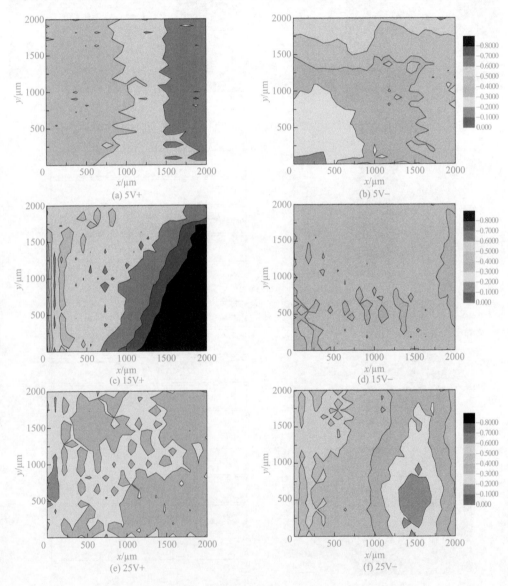

图8.15　不同加载电压试验24 h后PCB-HASL的SKP电位分布图

都比较活泼，PCB-HASL上一方面有金属离子迁移到阴极还原沉积形成枝晶并向阳极方向生长，另一方面有从阳极向阴极生长的导电阳极丝，同时又伴随着腐蚀产物的迁移。图8.16为不同加载电压试验24 h后PCB-HASL的SKP电位分布的Gauss拟合曲线，横向对比来看，5 V的试样表面区域性不明显，总体分布比较均匀；15 V的试样总体电位有所提高，表面SKP电位分布出现区域性，整体电位均值变化不大，极板边界处出现了大幅度电位跃迁；25 V的试样表面局部出现腐蚀产物，电位分布不均匀，方差出现极大值，表面电位差值变大，电位值最高处为腐蚀最严重的露Cu区域。

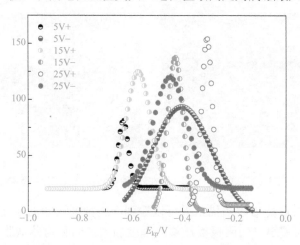

图8.16　不同加载电压试验24 h后PCB-HASL的SKP电位分布的Gauss拟合曲线

8.2　不同线间距对PCB腐蚀行为的影响

8.2.1　PCB-Cu腐蚀行为

不同线间距的PCB-Cu在15 V电压下试验24 h后的体式学形貌照片如图8.17所示，从图中可以看出，PCB-Cu发生严重腐蚀，在500 μm的间距下，阳极上已经长出大量的腐蚀产物，阳极板边缘聚集大量盐粒；间距缩小至300 μm，腐蚀产物开始向阴极迁移，基底上出现比较多的腐蚀产物，但几乎没有短路的现象发生。从300 μm到200 μm出现明显的跳跃，基底上几乎全部覆盖了腐蚀产物，且比较均匀，少数地方出现短路点。在100 μm间距下短路区域增多并铺展成面，两侧的铜板变色严重，盐粒大量聚集。从500 μm到100 μm的间距变化下，可以看出腐蚀的严重程度有明显的增加，100 μm下几乎完全发生短路现象。

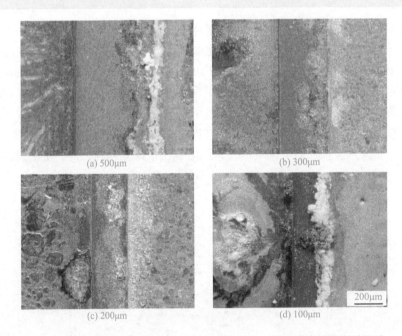

(a) 500μm

(b) 300μm

(c) 200μm

(d) 100μm

图8.17　不同线间距的PCB-Cu在15 V电压下试验24 h后的体式学形貌照片

　　从图8.18中EDS能谱线扫描结果可以看到，腐蚀区域的主要元素是O、S、Cu。S、Cu随着间距的减小，向阴极板迁移的程度加大。因吸附薄液膜的成分是Na_2SO_4溶液，腐蚀产物主要为$CuSO_4$、CuO或Cu_2O。

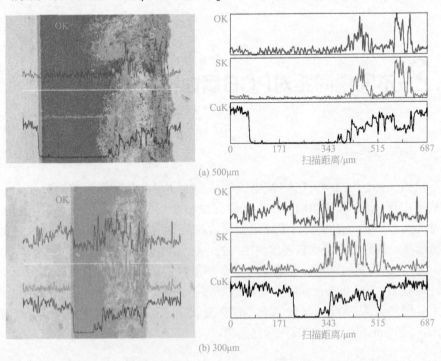

(a) 500μm

(b) 300μm

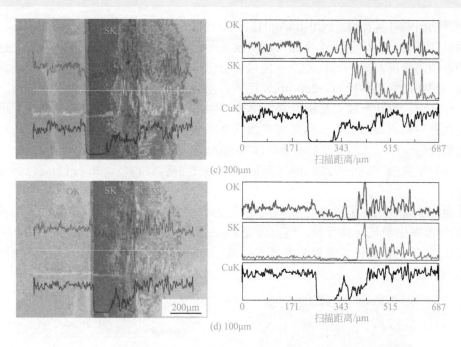

图8.18　不同线间距的PCB-Cu在15 V电压下试验24 h后的EDS线扫描结果

8.2.2　PCB-ImAg腐蚀行为

不同线间距的PCB-ImAg在15 V电压下试验24 h后的体式学形貌照片如图8.19

图8.19　不同线间距的PCB-ImAg在15 V电压下试验24 h后的体式学形貌照片

所示,从图中可以看到,PCB-ImAg的腐蚀情况区分比较明显。在500 μm间距下,没有明显的腐蚀产物堆积和迁移现象,阳极板附近有极少量的腐蚀产物,极板上出现一些点蚀的情况。300 μm间距下,阳极板上出现大量绿色腐蚀产物堆积,但是没有明显的腐蚀产物迁移行为。200 μm间距下,出现了一些短路点,极板上腐蚀情况严重,阳极上的腐蚀产物大量析出并向阴极迁移。100 μm间距下腐蚀情况非常严重,出现大量短路点,阳极析出的腐蚀产物几乎完全铺满极板间的间隙,表面形貌出现了比较大的变化。从总体形貌来看,PCB-ImAg出现了明显的腐蚀情况,500 μm左右几乎不发生腐蚀,但小于200 μm间距后,腐蚀产物明显增多,200 μm为腐蚀加重的阈值。

由图8.20中EDS能谱线扫描结果可以发现,PCB-ImAg试样在整个试验过程中Ag始终未发生明显迁移行为,这可能是Ag在吸附液膜中的电化学活性不高,同时对基底Cu箔进行保护。然而随着间距的减小,局部电场强度的加大,Ag的保护能力达到极限,基底Cu箔发生腐蚀,在电压驱动下出现了离子和腐蚀产物迁移。

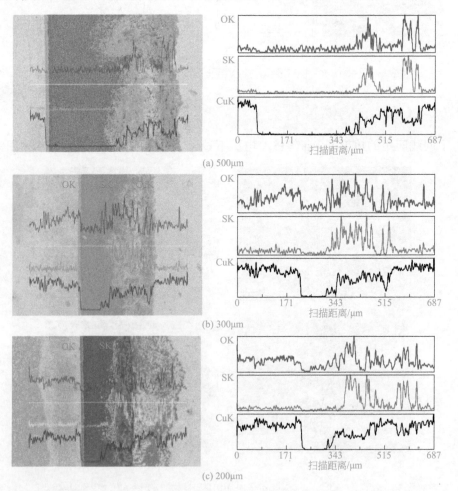

(a) 500 μm

(b) 300 μm

(c) 200 μm

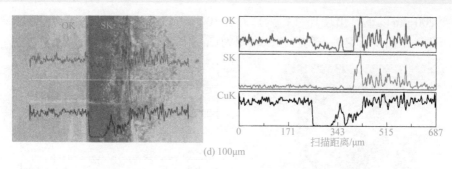

(d) 100μm

图8.20　不同线间距的PCB-ImAg在15 V电压下试验24 h后的EDS线扫描结果

8.2.3　PCB-ENIG腐蚀行为

不同线间距的PCB-ENIG在15 V电压下试验24 h后的体式学形貌照片如图8.21所示。500 μm和300 μm下的PCB-ENIG几乎不发生腐蚀，极板上有少量盐粒附着。200 μm下的PCB-ENIG出现了一定量的腐蚀产物析出，但没有明显短路现象，100 μm下的PCB-ENIG腐蚀产物覆盖了大部分的极板间隙，出现了少量的短路点。Au元素比较稳定，几乎不与盐溶液发生原电池反应，因此发生反应的是Au覆盖下的Cu。但Cu与氧气、薄液膜的直接接触较少，很难发生元素迁移，因此Au的腐蚀比较缓慢，腐蚀形貌不显著。

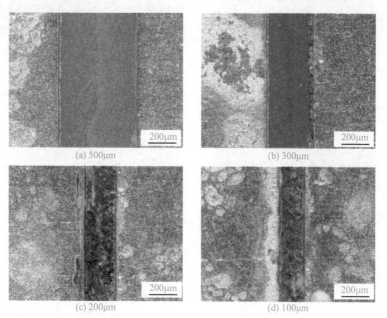

(a) 500μm

(b) 300μm

(c) 200μm

(d) 100μm

图8.21　不同线间距的PCB-ENIG在15 V电压下试验24 h后的体式学形貌照片

从图8.22可以看出，在整个试验过程中Au始终未发生迁移行为，而Cu在间距减小至200 μm以下时出现迁移行为，并在100 μm的时候基底Cu箔发生明显腐蚀，在电压驱动下出现了腐蚀产物迁移，表现为Cu迁移至阴极板出现短路现象。

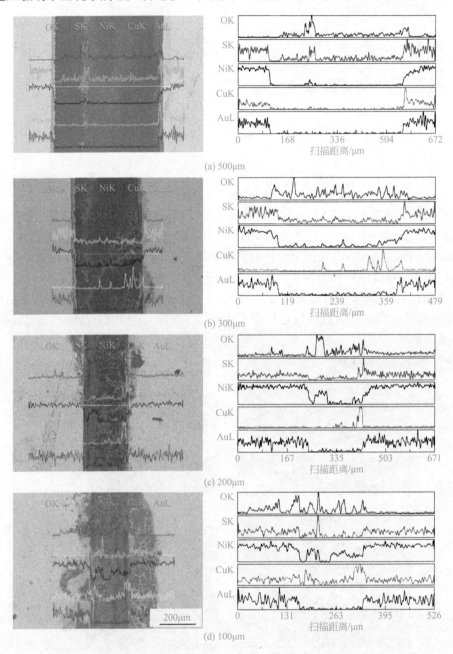

图8.22　不同线间距的PCB-ENIG在15 V电压下试验24 h后的EDS线扫描结果

8.2.4　PCB-HASL腐蚀行为

不同线间距的PCB-HASL在15 V电压下试验24 h后的体式学形貌照片如图8.23所示，由于Sn比较活泼，容易与盐溶液发生腐蚀电化学反应。从图中可以看出，500 μm间距下极板间隙已经完全被腐蚀产物覆盖，300 ～ 100 μm腐蚀情况越来越严重，几乎完全发生了短路情况，PCB-HASL的阴阳极板上都发生了比较明显的腐蚀。区别于其他几种PCB，PCB-HASL的阴极板上Sn出现了明显的破损，说明阴极板上也发生了金属元素迁移。

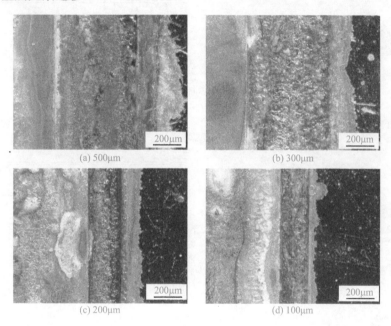

(a) 500μm　　　　　　　　　　　　　(b) 300μm

(c) 200μm　　　　　　　　　　　　　(d) 100μm

图8.23　不同线间距的PCB-HASL在15 V电压下试验24 h后的体式学形貌照片

从图8.24中EDS线扫描结果可以看出，Sn和Cu都发生了明显迁移，且两者含量呈互斥关系。说明喷锡表面处理工艺对于Cu箔基底有一定的保护作用，这种保护是以牺牲阳极的方式进行的，Sn首先与腐蚀性离子反应，使得基底Cu受到保护，但是当表面Sn层腐蚀殆尽后，基底Cu继续与腐蚀性离子反应。虽然能起到一定的保护作用，但是表面发生的严重腐蚀很容易造成电路短路，所以无铅喷锡处理工艺在高电压环境下是不适合的。

8.2.5　腐蚀短路与盐的聚集

参照图8.25和图8.26可以总结短路点形成与盐的集聚现象的关系。从覆铜、浸银、喷锡PCB的短路点形貌来看，短路是由于偶然的盐溶液离子大量聚集后，局部形成微电流的导通，加速了周围极板的腐蚀，腐蚀的加剧导致腐蚀产物的迁移，形成了完全的短路，反过来加剧了含盐微液滴的聚集。在宏观上表现为局部短路后，较为接近的两个短路点之间的未腐蚀区域被腐蚀产物逐渐覆盖并连成片；大量的腐蚀产物加速了附近电流的移动，液膜中的阴阳离子迁移到附近并为电流的迁移提供介质，最终在该区域形成了短路区，PCB板的腐蚀短路过程结束。

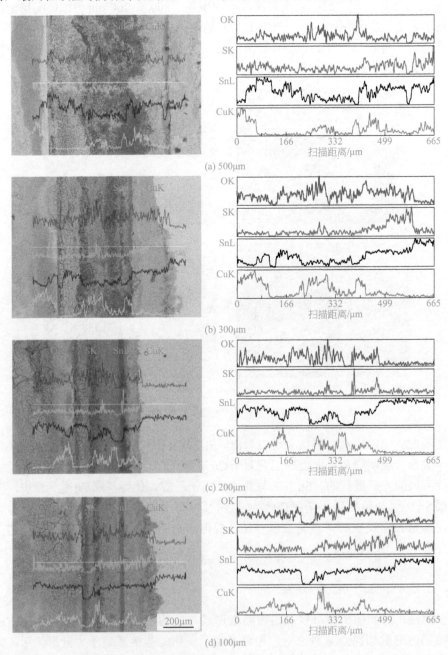

图8.24　不同线间距的PCB-HASL在15 V电压下试验24 h后的EDS线扫描结果

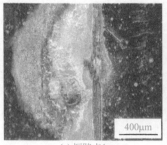
(a) 短路点1

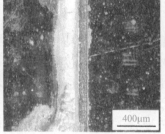
(b) 短路点之间

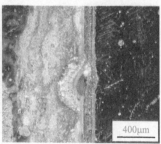
(c) 短路点2

图8.25　PCB-HASL两个短路点和短路点之间的部分

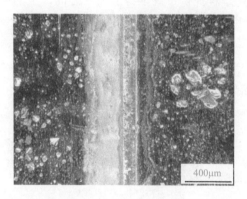

图8.26　PCB-HASL表面距离短路点较远的区域

　　通过对比可以发现，一些区域出现了一些短路点，短路点之间的间距很小，在短路点之间的区域上，盐粒的聚集比其他未短路点附近区域严重很多，形成了电流导通，进而加速这些区域两侧极板上金属的腐蚀，继而这些区域也形成了短路。

8.3 不同湿度加电压对PCB腐蚀行为的影响 ◁◁◁◁

8.3.1　不同厚度薄液膜下PCB-Cu/PCB-ENIG电化学迁移行为

（1）电化学迁移腐蚀形貌

　　试验条件下作用24 h后PCB的腐蚀形貌如图8.27所示。由图8.27（a_1）可以看到，在较低的湿度（75% RH）下，PCB-Cu电化学迁移腐蚀相对较为轻微，阴极板表面颜色有所发黑，可能发生了氧化（CuO）；而阳极板平整光滑，无明显变化。随相对湿度的增大，阴极板颜色进一步加深，局部出现较严重的盐的富集（白色）；阳极板也逐渐变得粗糙、发黑，存在一定程度腐蚀，特别是阳极板边缘腐蚀尤为严重，堆积了大量绿色的腐蚀产物，推测为"铜绿"，其迁移距离十分有限。与PCB-Cu不同，PCB-ENIG两极板表面腐蚀轻微，仅发生一定程度盐的富集；特别地，其电化学迁移腐蚀行为更为严重，75% RH下两极板间就出现明显的腐蚀产物的迁移或金属离子的沉积，湿度达到85% RH，大量红褐色枝状物使两极板短接，见图8.27（b_2），引发短路失效，95% RH时，迁移数量进一步增加。

由此可以看到，镀镍金处理后，PCB金属极板本身的耐蚀性能得到了大幅提升；但与此同时，其电化学迁移腐蚀倾向也随之增加。一方面，由于阳极板边缘一侧表面防护工艺并不完善，这些薄弱区域无法对基底提供有效保护，反而成为活化溶解的中心，为电化学迁移过程提供了离子源；另一方面，金的电极电位远大于中间Ni过渡层和Cu基底，在电偶效应和电偏压的耦合作用下，阳极板镀金层微孔或缺陷处基底金属加速溶解，进一步加剧电化学迁移进程。

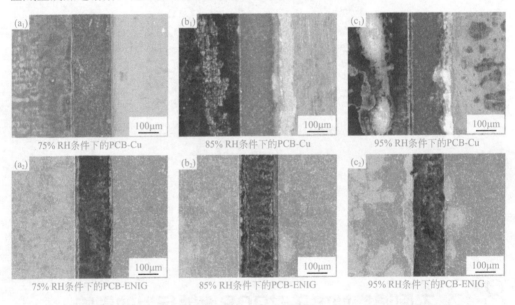

(a₁) 75% RH条件下的PCB-Cu   (b₁) 85% RH条件下的PCB-Cu   (c₁) 95% RH条件下的PCB-Cu

(a₂) 75% RH条件下的PCB-ENIG   (b₂) 85% RH条件下的PCB-ENIG   (c₂) 95% RH条件下的PCB-ENIG

图8.27　60 ℃、不同湿度条件下经12 V电偏压作用24 h后PCB体式学显微照片
（左：阴极；右：阳板；下同）

（2）SEM和EDS分析

为探究电偏压作用下PCB电化学迁移腐蚀行为与机理，对试验后PCB-Cu两极板间元素分布进行面扫分析，如图8.28所示。从图8.28（b）可以看到，在95% RH条件下经12 V电偏压作用24 h后，Cu元素发生明显的迁移，其由阳极板边缘向阴极板方向发展，接近一半的FR-4基板被覆盖。同时，Cu覆盖区域靠近阳极板一侧O和S元素发生富集，结合图8.28（a）中A区域EDS元素分析结果［图8.28（f）］，迁移的腐蚀产物主要由Cu的硫酸盐和氧化物组成。进一步观察图8.28（a）可以发现，

迁移物前缘部分存在一薄层亮白色物质（椭圆区域），图8.28（b）反映其组分为Cu单晶，表明微量的Cu离子迁移至阴极板并沉积，这可能造成短路的发生。图8.28（d）则显示Na元素在阴极板上发生富集，其富集区域氧元素含量明显提升［图8.28（c）］，表明阴极板上主要发生氧还原反应，该钠盐组分应为NaOH。

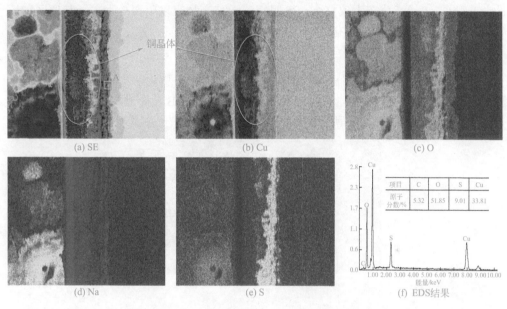

图8.28　60 ℃、95% RH条件下经12 V电偏压作用24 h后PCB-Cu两极板间元素分布面扫结果

60 ℃、95% RH条件下试验后PCB-ENIG试样元素分布面扫结果如图8.29所示。由图8.29（b）可以清晰地看到Cu枝晶的生长，表明阳极溶解的Cu离子能顺利地迁

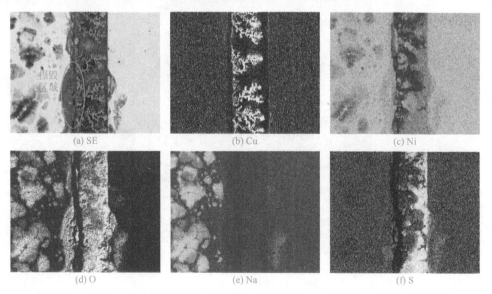

图8.29　60 ℃、95% RH条件下12 V电偏压作用24 h后PCB-ENIG元素分布面扫结果

移至阴极板并沉积，形成反向生长的枝状晶体，比95% RH条件下PCB-Cu的电化学迁移现象严重得多。此外，阴极板边缘局部区域发生破损，图8.29（c）和图8.29（d）显示破损区域Ni和O元素含量较高，表明腐蚀产物主要为Ni的氧化物。同时，Ni元素也发生了迁移，结合图8.29（d）和图8.29（f）可以看到，阳极板一侧Ni元素的分布与O、S元素分布大致重合，表明Ni的迁移产物应以硫酸盐为主，其他区域还发现一些零散分布的Ni的氧化物。

（3）表面Kelvin电位

为了研究经电偏压作用后试样阴阳极表面电位状态变化，了解加电压件在非工作状态下腐蚀行为规律，对不同湿度条件下试验的PCB表面进行Kelvin电位E_{kp}测定，结果如图8.30和图8.32所示。Kelvin电位与金属在空气中的表面电位E_{corr}存在线

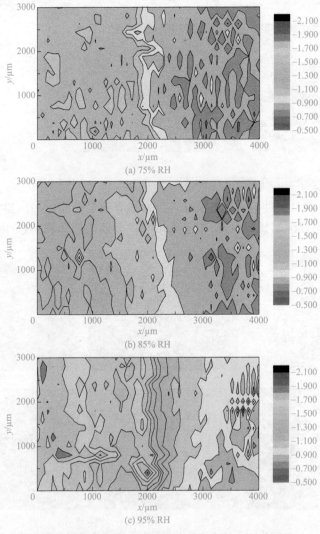

图8.30　60 ℃时不同湿度条件下经12 V电偏压作用24 h后PCB-Cu表面Kelvin电位分布

性关系，故E_{kp}的变化反映了表面电位状态的变化[5-7]。图8.31为PCB-Cu表面Kelvin电位分布值-相对湿度线。此外，对阳极板和阴极板的表面Kelvin电位分布分别进行了高斯拟合，如表8.1和表8.2所示。

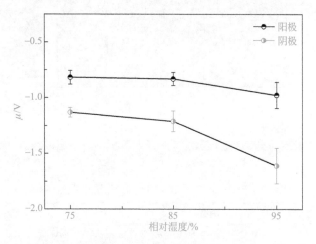

图8.31　PCB-Cu表面Kelvin电位分布期望值–相对湿度曲线

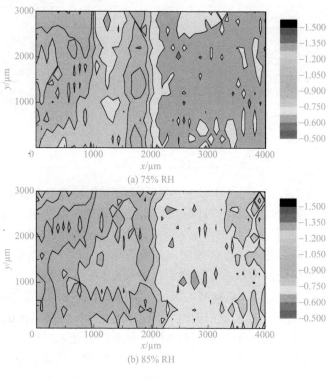

图8.32

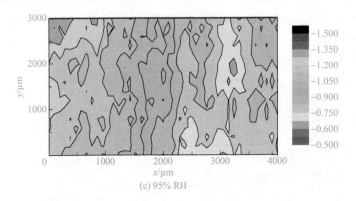

(c) 95% RH

图8.32 60 ℃时不同湿度条件下经12 V电偏压作用24 h后PCB-ENIG表面Kelvin电位分布

表8.1 PCB-Cu表面Kelvin电位分布高斯拟合结果

项目	阳极		阴极	
	μ/V	σ	μ/V	σ
75% RH	−0.8174	0.0607	−1.1311	0.0437
85% RH	−0.8312	0.0583	−1.2114	0.0935
95% RH	−0.9758	0.1170	−1.6108	0.1591

表8.2 PCB-ENIG表面Kelvin电位分布高斯拟合结果

项目	阳极		阴极	
	μ/V	σ	μ/V	σ
75% RH	−0.6541	0.0344	−0.8270	0.0957
85% RH	−0.7192	0.0366	−0.8487	0.0558
95% RH	−0.7949	0.0601	−1.1194	0.0957

由图8.30、图8.31和表8.1可以看到，不同湿度条件下PCB-Cu两极板表面Kelvin电位分布呈现类似的规律，即阳极板电位明显高于阴极板，这表明受电偏压的影响，PCB-Cu两极板表面状态发生了明显改变，且这种状态差异即使在消除电偏压后也不会消失。随着相对湿度的增加，两极板电位均呈下降趋势，但阴极板电位下降幅度更大，两极板间电位差不断增大，95% RH条件下达到了极值0.635 V。结合图8.27腐蚀形貌可以发现，随湿度的增加，阴极和阳极板均发生不同程度的腐蚀，相对于PCB-Cu表面初期形成的致密的Cu_2O膜，腐蚀产物（主要为CuO）结构较为疏松，导致表面电子逸出功函的下降，表面Kelvin电位也随之降低，腐蚀严重的阴极板尤为明显。与此同时，不难发现阴极板边缘一侧腐蚀产物堆积更为严重，这在一定程度上阻碍了基底电子逸出过程，导致该区域电位轻微上升，整个阴极板电位分布不均，随湿度增加，电位不均的状况进一步加剧，σ值由0.0437逐渐升至0.1591。

由图8.32、图8.33和表8.2可以看到，不同湿度条件下PCB-ENIG两极板表面Kelvin电位分布演变规律与PCB-Cu完全相同，但PCB-ENIG电位期望整体上要高于PCB-Cu，表明镀镍金处理能确实有效地降低PCB-Cu的腐蚀倾向。与此同时，PCB-ENIG两极板间电位差相对PCB-Cu小很多，其最大电位差0.324 V，与PCB-Cu在75% RH条件下的电位差极小值0.314 V十分接近。如前所述，经电偏压作用后PCB两极板间存在不同程度的短接现象，在电解液薄膜下，过大的电势差将引发两极板间原电池腐蚀反应，导致电压件在非工作状态下线路也遭受严重的腐蚀破坏。在这一方面，PCB-ENIG的性能要优于PCB-Cu。

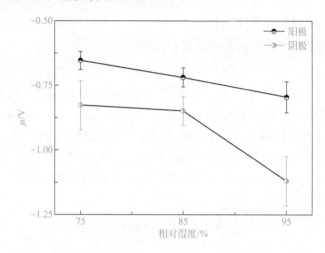

图8.33　PCB-ENIG表面Kelvin电位分布期望值−相对湿度曲线

（4）电化学迁移腐蚀失效机制

PCB试样在电压耦合湿热环境下的腐蚀失效机制主要是薄液膜下的电化学迁移腐蚀，对于PCB-Cu试样，其阳极反应主要有：

$$Cu \longrightarrow Cu^+ + e^- \tag{8.2}$$

$$Cu^+ \longrightarrow Cu^{2+} + e^- \tag{8.3}$$

$$Cu \longrightarrow Cu^{2+} + 2e^- \tag{8.4}$$

由于试验所施加电偏压数值偏大（12 V），Cu溶解生成的金属离子应以Cu^{2+}为主，此外，该电位下水会发生一定程度的分解，生成少量H^+[2]，反应如式（8.5）所示：

$$2H_2O \longrightarrow O_2 + 4H^+ + 4e^- \tag{8.5}$$

阴极反应以O_2还原或/和水的分解反应为主，此外，结合图8.28腐蚀形貌，阴极板上应同时进行着微弱的阳极反应，生成了黑色的CuO产物膜[8,9]，可能的具体反应如下：

$$O_2 + 2H_2O \longrightarrow 4OH^- - 4e^- \quad\left.\right\} \text{主反应} \tag{8.6}$$

$$2H_2O \longrightarrow H_2 + 2OH^- - 2e^- \tag{8.7}$$

$$4Cu + 2H_2O \longrightarrow 2Cu_2O + 4H^+ + 4e^- \tag{8.8}$$

$$2Cu_2O + O_2 \longrightarrow 4CuO \tag{8.9}$$

如图8.34所示，在电偏压作用下阴、阳离子发生反向迁移，该状况随湿度的增加进一步加剧，以Na^+和SO_4^{2-}为代表，其在两极板的富集现象也越发明显。整体上，PCB-Cu的耐蚀性能较差，在电偏压和电解质离子协同作用下迅速溶解。在电化学迁移初期，少量Cu^{2+}能够迁移至负极板并发生式（8.10）所示还原反应而沉积，在靠近阴极板一侧FR-4板上形成一层稀薄的Cu枝晶。

$$Cu^{2+} \longrightarrow Cu - 2e^- \tag{8.10}$$

随时间推移，SO_4^{2-}逐渐富集到阳极板附近，由于试验条件下PCB-Cu表面水介质含量十分有限，即便是在95% RH条件下，溶解的大量Cu^{2+}与SO_4^{2-}结合会直接达到饱和而结晶析出。同时，由于OH^-的存在，可能伴随发生式（8.12）中的反应，生成碱式硫酸铜[10,11]。大量的结晶产物堆积在阳极板边缘，形成明显凸起，反而进一步阻碍了的Cu^{2+}迁移进程，最终仅有微量Cu^{2+}能够迁移至阴极板，这与图8.28元素分布面扫结果完全一致。

$$Cu^{2+} + SO_4^{2-} + 5H_2O \longrightarrow CuSO_4 \cdot 5H_2O \tag{8.11}$$

$$4Cu^{2+} + SO_4^{2-} + 6OH^- \longrightarrow CuSO_4 \cdot 3Cu(OH)_2[\text{或}Cu_4(OH)_6SO_4] \tag{8.12}$$

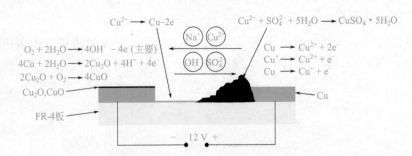

图8.34　PCB-Cu电化学迁移腐蚀失效模型

PCB-ENIG电化学迁移腐蚀失效模型如图8.35所示，与PCB-Cu类似，发生了特定离子的定向迁移；不同之处在于中间过渡层Ni以Ni^{2+}的形式参与了电化学迁移进程；而Au由于优异的耐蚀能力和较高的电极电位，不发生溶解迁移。电化学迁移初期，PCB-ENIG阳极板边缘一侧镀金层存在微孔或缺陷的位置，中间过渡层Ni首先发生溶解并迁出，与SO_4^{2-}形成$NiSO_4 \cdot 6H_2O$结晶而析出［式(8.13)］，该过程可能同时伴随着碱式硫酸镍的生成反应［式(8.14)和式(8.15)][10]。

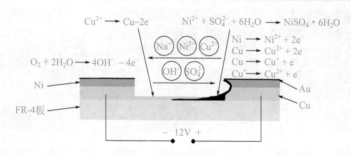

图8.35 PCB-ENIG电化学迁移腐蚀失效模型

$$Ni^{2+} + SO_4^{2-} + 6H_2O \longrightarrow NiSO_4 \cdot 6H_2O \tag{8.13}$$

$$Ni^{2+} + 2OH^- \longrightarrow Ni(OH)_2 \tag{8.14}$$

$$Ni(OH)_2 + 3Ni^{2+} + 3SO_4^{2-} + 6yH_2O \longrightarrow Ni_4(OH)_2(SO_4)_3 \cdot 6yH_2O \tag{8.15}$$

随着Ni过渡层的溶解，Cu基底逐渐暴露并参与到电化学迁移过程中。一方面，相比于PCB-Cu，PCB-ENIG优异的耐蚀性能导致其能够提供的Cu^{2+}十分有限；另一方面，初期$NiSO_4 \cdot 6H_2O$沉淀的析出一定程度上减少阳极板附近SO_4^{2-}浓度。故$CuSO_4$并不会因达到过饱和而结晶析出，相反在电偏压作用下Cu^{2+}能够顺利迁移至阴极板，并在阴极板上还原沉积，形成反向生长的Cu枝晶。这导致PCB-ENIG的电化学迁移腐蚀倾向大幅增加，85% RH下就能够观察到明显的Cu枝晶的生长。

8.3.2　不同厚度薄液膜下PCB-ImAg/PCB-HASL电化学迁移行为

（1）电化学迁移形貌

试验条件下作用24 h后PCB的腐蚀形貌如图8.36所示。由图8.36（a_1）可以看到，在较低的湿度（75% RH）下，PCB-ImAg电化学迁移腐蚀相对较为轻微，阴极板表面颜色有轻微变色，呈浅褐色，可能是Ag镀层发生了一定程度的氧化（Ag_2O）；而阳极板平整光滑，无明显变化。随相对湿度的增大，阴极板颜色进一步加深，局部出现较严重的盐的富集(白色)；阳极板表面也逐渐变得粗糙，局部呈暗褐色，存在一定程度腐蚀，特别是其边缘腐蚀尤为严重，堆积了大量绿色的腐蚀产物，推测为"铜绿"，其迁移距离十分有限。与PCB-ImAg不同，PCB-HASL阴极板边缘在75% RH下即发生严重腐蚀，当湿度超过85% RH，两极板间中心区域开始堆积较多的绿色腐蚀产物盐，以此为界，其右边一侧（靠近阳极板一侧）存在大量红褐色物质，推测为Cu枝晶，其存在可能造成了两极板间的短路失效；同时，阴极板表面腐蚀区域明显扩大，盐的富集状况也随之加重。

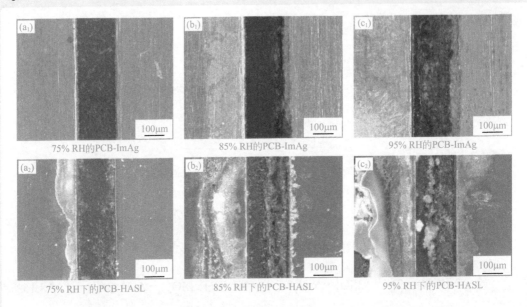

图8.36 60 ℃不同湿度条件下经12 V电偏压作用24 h后PCB体式学显微照片

（2）SEM和EDS分析

为探究电偏压作用下PCB电化学迁移腐蚀行为与机理，对试验后PCB-ImAg两极板间元素分布进行面扫分析，如图8.37所示。从图8.37（b）可以看到，在95% RH条件下经12 V电偏压作用24 h后，Cu元素发生明显的迁移，其由阳极板边缘向阴极板方向发展，接近一半的FR-4基板被覆盖。同时，Cu覆盖区域存在着微量的

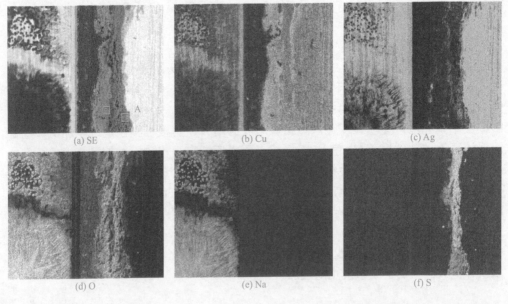

图8.37 60 ℃、95% RH条件下经12 V电偏压作用24 h后PCB-ImAgg两极板间元素分布面扫结果

Ag元素，见图8.37（c），试验条件下并未发现Ag枝晶的生长，表明SO_2/SO_4^{2-}环境下Ag的腐蚀或电化学迁移倾向较低[10]。进一步观察图8.37（a）可以发现，迁移物存在明显的分层，靠近阳极板边缘区域腐蚀产物堆积严重，图8.37（d）和图8.37（f）显示该区域O和S元素发生富集，表明该处腐蚀产物以Cu的硫酸盐为主；而迁移物前缘部分仅是O元素含量偏高，腐蚀产物以Cu的氧化物或氢氧化物为主，这与表8.3中A和B区域EDS分析结果完全一致。

60 ℃、95% RH条件下试验后PCB-HASL试样元素分布面扫结果如图8.38所示。由图8.38（b）靠近阳极板一侧可以清晰地看到Cu枝晶，根据其生长位置和方向判断，阳极溶解的Cu离子迁移至两极板间中心区域即发生沉积，并形成反向生长的枝状晶体。图8.38（c）显示两极板间FR-4板上靠近阴极板一侧存在Sn元素的富集，结合表8.3区域C的EDS分析结果，该处应主要由Sn的氧化物或氢氧化物组成，同时可能存在一定量的Sn单质，故其具有一定的导电性，由此解释了Cu枝晶从此处开始生长的原因。进一步观察图8.38（b）可以发现，阳极板和阴极板边缘部分Cu元素含量均有不同程度的增加，表明阴极板附近Sn腐蚀产物可能一部分来自阳极板Sn镀层的溶解迁移，另一部分则可能来自阴极板Sn镀层在OH^-作用的溶解再沉积过程。此外，与PCB-ImAg类似，Na和S元素反向迁移，分别在阴极板和阳极板发生一定程度的富集。不同之处在于S元素同时在两极板间中心位置富集，伴随着Cu和O元素含量的大幅提升，表明该处生成了较大量的Cu的硫酸盐沉淀。

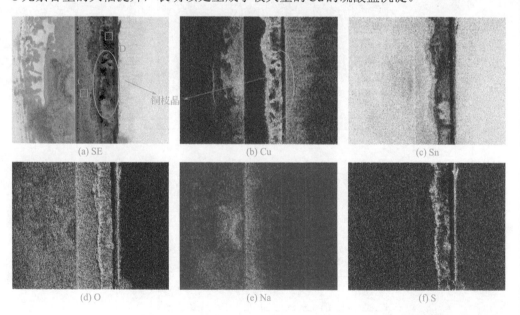

图8.38 60 ℃、95% RH条件下12 V电偏压作用24 h后PCB-HASL元素分布面扫结果

（3）表面 Kelvin 电位

由图8.39、图8.40和表8.4可以看到，不同湿度条件下PCB-ImAg两极板表面

Kelvin电位分布呈现类似的规律，即阳极板电位明显高于阴极板，这表明受电偏压

表8.3 PCB-ImAg和PCB-HASL电化学迁移腐蚀产物EDS结果   单位：%

项目	C	O	Al	S	Ag	Sn	Cu
A	13.32	47.66	—	—	—	—	39.02
B	4.49	49.76	—	9.09	5.08	—	31.58
C	8.99	57.47	1.48	0.11	—	19.90	12.04
D	24.96	27.53	4.82	1.33	—	1.3	40.06

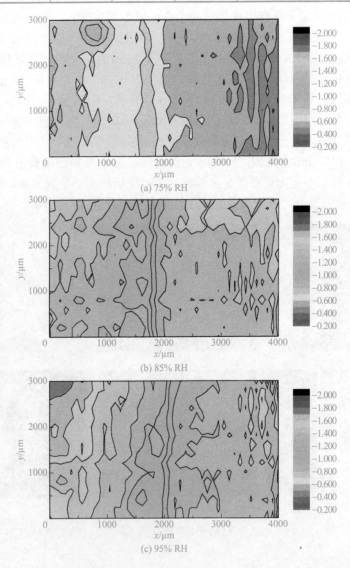

图8.39 60 ℃、不同湿度条件下经12 V电偏压作用24 h后PCB-ImAg表面Kelvin电位分布

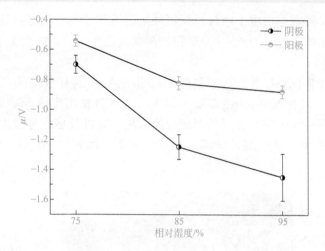

图8.40　PCB-ImAg表面Kelvin电位分布期望值–相对湿度曲线

表8.4　PCB-ImAg表面Kelvin电位分布高斯拟合结果

项目	阴极		阳极	
	μ/V	σ	μ/V	σ
75% RH	−0.6991	0.0601	−0.5419	0.0370
85% RH	−1.2490	0.0821	−0.8240	0.0439
95% RH	−1.4490	0.1568	−0.8797	0.0425

的影响，PCB-ImAg两极板表面状态发生了明显改变，且这种状态差异即使在消除电偏压后也不会消失。随着相对湿度的增加，两极板电位均呈下降趋势，但阴极板电位下降幅度更大，两极板间电位差不断增大，95% RH条件下达到了极值0.5693 V。结合图8.36腐蚀形貌可以发现，随湿度的增加，阴极和阳极板镀银层局部均发生一定的氧化/腐蚀，腐蚀程度整体上较为轻微，试样表面处于一个相对活化的状态，导致表面电子逸出功函的下降，表面Kelvin电位也随之降低，腐蚀较为严重的阴极板尤为明显。与此同时，不难发现随湿度增加，阴极板边缘一侧腐蚀产物或盐的堆积更为严重，导致整个阴极板电位分布不均，σ值由0.0601逐渐升至0.1568。

由图8.41、图8.42和表8.5可以看到，不同湿度条件下PCB-HASL两极板表面Kelvin电位分布演变规律与PCB-ImAg完全相反，即随着相对湿度的增加，两极板电位均呈上升趋势，且两极板间电位差逐渐减小，由0.3701 V降低至0.1484 V。试验介质（SO_2/ SO_4^{2-}）环境下，PCB-HASL表面会形成一层Sn的氧化物薄膜［主要组分为SnO、SnO_2、$Sn(OH)_2$或$Sn(OH)_4$等］[12,13]，且在高湿条件下，由于氧化还原反应速率的大幅提升[14]，氧化/腐蚀程度会进一步加剧，该氧化膜的存在阻碍了基底电子逸出过程，导致试样表面电位逐渐上升。结合图8.36腐蚀形貌还可以看到，PCB-HASL阴极板腐蚀尤为严重，电位提升较大，导致两极板间电位差随湿度的增加呈减小趋势。特别地，由于两极板间区域附近堆积了大量腐蚀产物，导致该区域Kelvin电位大幅增加，在电位图中呈颜色较深的暖色调［图8.41（b）和图8.41（c）］，形成明显的分界。

整体上，PCB-HASL电位期望要低于PCB-ImAg，具有较高的腐蚀倾向；但其两极板间电位差相对PCB-ImAg却要小得多。当PCB表面形成一层电解液薄膜时，过大的电势差将引发短路或微短的两极板间原电池腐蚀反应，导致电压件在非工作状态下线路也遭受严重的腐蚀破坏。在这一方面，PCB-HASL的性能要优于PCB-ImAg。

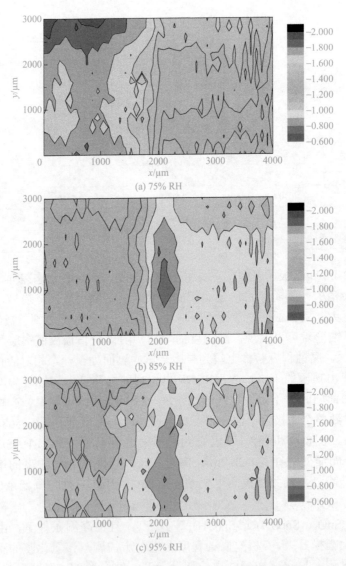

图8.41　60 ℃、不同湿度条件下经12 V电偏压作用24 h后PCB-HASL表面Kelvin电位分布

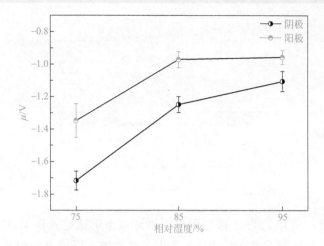

图8.42　PCB-HASL表面Kelvin电位分布期望值–相对湿度曲线

表8.5　PCB-HASL表面Kelvin电位分布高斯拟合结果

项目	阴极		阳极	
	μ/V	σ	μ/V	σ
75% RH	−1.7174	0.0578	−1.3473	0.1043
85% RH	−1.2488	0.0490	−0.9716	0.0510
95% RH	−1.1062	0.0613	−0.9578	0.0430

（4）电化学迁移腐蚀机制

对于PCB-ImAg试样，薄液膜下其阳极反应除Cu基底的溶解反应外，还包括：

$$Ag \longrightarrow Ag^+ + e^- \qquad (8.16)$$

试验施加电位下，阳极溶解生成的金属离子应以Cu^{2+}和Ag^+为主，而阴极反应以O_2还原或/和水的分解反应为主。此外，结合图8.36腐蚀形貌，阴极板表面可能生成了棕褐色的Ag_2O，具体反应如下：

$$Ag + OH^- \longrightarrow AgOH + e^- \qquad (8.17)$$

$$2AgOH \longrightarrow Ag_2O + H_2O \qquad (8.18)$$

如图8.43所示，电偏压作用下阴、阳离子发生反向迁移。一方面，由于PCB-ImAg镀银层较薄（0.02 μm），且Ag^+质量（原子量108）大于Cu^{2+}的质量（原子量64），而其电荷量却小于Cu^{2+}，这极大限制了Ag^+的迁移量和迁移速度；另一方面，Ag的电化学迁移需要在施加电偏压后经过较长的离子积累时间之后才会发生[15]，而Ag镀层微孔或缺陷处的Cu基底在电偶效应作用下不需要电偏压即可发生原电池溶解反应，故迁移的离子的主体应为Cu^{2+}。

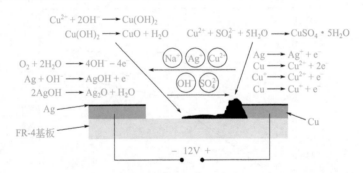

图8.43　PCB-ImAg电化学迁移腐蚀失效模型

随时间推移，SO_4^{2-}逐渐迁移到阳极板附近，由于试验条件下PCB-Cu表面水介质含量十分有限，即便是在95% RH条件下，溶解的大量Cu^{2+}与SO_4^{2-}结合会直接达到饱和而结晶析出。同时，由于OH^-的存在，可能伴随发生式(8.20)中的反应，生成碱式硫酸铜[10,11]。大量的结晶产物堆积在阳极板边缘，形成明显凸起，反而进一步阻碍了的Cu^{2+}迁移进程，最终仅有少量的Ag^+和Cu^{2+}能够迁移出来，并与后续迁移过来的OH^-生成沉淀[$Cu(OH)_2$,CuO,Ag_2O等]，形成分层结构，与图8.37元素分布面扫结果完全一致。

$$Cu^{2+}+SO_4^{2-}+5H_2O \longrightarrow CuSO_4 \cdot 5H_2O \tag{8.19}$$

$$4Cu^{2+}+SO_4^{2-}+6OH^- \longrightarrow CuSO_4 \cdot 3Cu(OH)_2或Cu_4(OH)_6SO_4 \tag{8.20}$$

PCB-HASL电化学迁移腐蚀失效模型如图8.44所示，与PCB-ImAg类似，发生了特定离子的定向迁移，不同之处在于Sn镀层参与了电化学迁移进程，以Sn^{4+}的形式。电化学迁移初期，PCB-HASL阳极板表面镀Sn层首先发生溶解，主要反应如下式所示：

$$Sn \longrightarrow Sn^{2+}+2e^- \tag{8.21}$$

$$Sn^{2+} \longrightarrow Sn^{4+}+2e^- \tag{8.22}$$

$$Sn \longrightarrow Sn^{4+}+4e^- \tag{8.23}$$

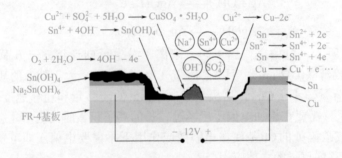

图8.44　PCB-HASL电化学迁移腐蚀失效模型

试验所施加电偏压条件下，绝大多数Sn^{2+}会被进一步氧化为Sn^{4+}[16]。由于Sn^{4+}所带有的电荷数较多，其具有较高的迁移速率，能够较快地迁移至阴极板，一部分直接还原沉积为Sn单质，见式（8.24）；另一部分则与阴极反应形成的OH^-结合生成$Sn(OH)_4$沉淀，见式（8.25）。在吸附薄液膜条件下，剧烈的氧还原反应导致阴极板表面OH^-浓度极高，$Sn(OH)_4$甚至镀Sn层可能会与OH^-发生进一步的溶解反应，见式（8.26）和式（8.27）[16]，导致镀层不断减薄，大幅降低其对基底的保护作用。

$$Sn^{4+} \longrightarrow Sn - 4e^- \qquad (8.24)$$

$$Sn^{4+} + 4OH^- \longrightarrow Sn(OH)_4 \qquad (8.25)$$

$$Sn(OH)_4 + 2NaOH \longrightarrow Na_2Sn(OH)_6 \qquad (8.26)$$

$$Sn + 2NaOH + 4H_2O \longrightarrow Na_2Sn(OH)_6 + 2H_2 \qquad (8.27)$$

随着阳极板Sn镀层的溶解，Cu基底逐渐暴露并参与到电化学迁移过程中，Cu^{2+}逐渐成为迁移离子的主体。由于Sn^{4+}在阴极板的还原沉积，大幅缩短了两极板间的距离，导致极板间电场强度大幅提升，大量的Cu^{2+}迁移至两极板中间位置，一部分与后续迁移过来的SO_4^{2-}结合，生成$CuSO_4 \cdot 5H_2O$结晶而析出；另一部分则直接被还原沉积，形成反向生长的Cu枝晶［图8.39（b）］，引发短路失效。

参考文献

[1] 黄华良. 薄层液膜下PCB-Cu的腐蚀行为及机理研究[D]. 武汉：华中科技大学, 2011.

[2] Zhong X，Zhang G，QiuYubin, et al. In situ study the dependence of electrochemical migration of tin on chloride [J]. Electrochemistry Communications，2013，27：63-68.

[3] Lee S B，Yoo Y R，Jung J Y, et al. Electrochemical migration characteristics of eutectic SnPb solder alloy in printed circuit board[J]. Thin Solid Films，2006，504：294-297.

[4] 王力伟，杜翠薇，刘智勇，等. Fe₃C和珠光体对低碳铁素体钢腐蚀电化学行为的影响金属学报[J]. 金属学报，2011，47：1227-1232.

[5] Stratmann M, Streckel H. On the atmospheric corrosion of metals which are covered with thin electrolyte layers-I. Verification of the experimental technique[J]. Corrosion Science, 1990, 30(6): 681-696.

[6] Speight J G. LANGE's handbook of chemistry. 6th Edition[M]. New York: McGrew-Hill, 2004.

[7] Liu Q, Dong C F, Xiao K, et al. The Influence of HSO_3^- Activity on Electrochemical Characteristics of Copper[J]. Advanced Materials Research, 2011, 146: 654-660.

[8] Hernández R P B, Pászti Z, de Melo H G, et al. Chemical characterization and anticorrosion properties of corrosion products formed on pure copper in synthetic rainwater of Rio de Janeiro and São Paulo[J]. Corrosion Science, 2010, 52(3): 826-837.

[9] Barr T L. ESCA studies of naturally passivated metal foils[J]. Journal of Vacuum Science and Technology, 1977, 14(1): 660-665.

[10] Leygraf C, Graedel T. Atmospheric corrosion[M]. New York: John Wiley&Sons, 2000: 31, 142-153.

[11] FitzGerald K P, Nairn J, Skennerton G, et al. Atmospheric corrosion of copper and the colour, structure and composition of natural patinas on copper[J]. Corrosion Science, 2006, 48(9): 2480-2509.

[12] Ammar I A, Darwish S, Khalil M W, et al. The anodic behaviour and Passivity of Tin in sulphate solutions[J]. Materialwissenschaft und Werkstofftechnik, 1983, 14(10): 330-336.

[13] Jouen S, Hannoyer B, Piana O. Non-destructive surface analysis applied to atmospheric corrosion of tin[J]. Surface and Interface Analysis, 2002, 34(1): 192-196.

[14] Stratmann M, Streckel H, Kim K T, et al. On the atmospheric corrosion of metals which are covered with thin electrolyte layers-iii. The measurement of polarisation curves on metal surfaces which are covered by thin electrolyte layers[J]. Corrosion Science, 1990, 30(6): 715-734.

[15] Yang S, Christou A. Failure model for silver electrochemical migration[J]. Device and Materials Reliability, IEEE Transactions on, 2007, 7(1): 188-196.

[16] Minzari D, Jellesen M S, Møller P, et al. On the electrochemical migration mechanism of tin in electronics[J]. Corrosion Science, 2011, 53(10): 3366-3379.

第 9 章
电子材料在磁场作用下的腐蚀行为

电子器件在运行时，往往还受到磁场的作用。磁场对于金属在水溶液中电化学行为影响的已有研究主要集中在两个方面：磁场对于金属电沉积的影响和磁场对于铁磁性电极（如Fe）在水溶液中的腐蚀行为或非铁磁性电极在含顺磁性粒子（如Fe^{2+}、Fe^{3+}）的溶液中的腐蚀行为影响。

有关磁场对腐蚀金属/水溶液体系电极过程的影响近年来已有研究表明[1-5]：外加磁场下，溶液中运动的带电离子会由于洛伦兹力的作用产生磁流体力学流动(MHD)现象，从而导致带电离子运动速率发生改变。离子迁移速率、腐蚀产物的生成和扩展速率都在磁场的作用下加速，进而提高电化学反应速率、促进腐蚀过程，同时磁场的强度、方向都会对腐蚀过程产生作用[1-4]。Krause等[6]在研究垂直和平行于电极表面的磁场对金属Co、Ni和Cu的电沉积的影响时发现：在电化学反应中，梯度驱动力的大小取决于金属离子的顺磁磁化率、扩散层中的浓度梯度和磁场强度。磁场对于三种金属的电沉积的影响与磁场和电场的方向有关。磁场与电场平行时，由于没有磁流体力学的作用，顺磁力导致金属的电沉积速率随着磁场强度的增加而降低。磁场与电场垂直时，磁流体力学流动（MHD）导致扩散层的厚度减小，试验结果显示金属的电沉积速率随磁场强度的增加而升高。吕战鹏等[2]研究了磁场对铜/NaCl体系阳极溶解的作用，结果表明对于Cu/NaCl体系，电位在线性极化区时，由于浓度梯度而造成 $CuCl_{1+m}^{m-}$ 离开电极/溶液界面进入溶液，外加磁场引起的MHD作用会使运动的 $CuCl_{1+m}^{m-}$ 产生周向运动，结果会导致界面扩散层的厚度δ减小，导致电流密度增大，加速铜的阳极溶解。磁场对Cu/NaCl体系作用的结果，与搅拌、采用旋转圆盘电极、变化介质流速等所得的结果一致，即在阳极反应中主要影响传质过程，进而增加反应速率。吕战鹏等[5]还研究了磁场对两种浓度氯化钠溶液中铜阳极溶解的影响，表明Cl⁻与磁场均加速高阳极电位区Cu的阳极溶解速率，磁场作用系数随磁场强度及溶液中氯离子浓度增加而增大。

本章采用化学浸泡试验研究磁场对铜及其合金的腐蚀行为的影响做初步探讨，通过化学浸泡试验考查不同试样在浸泡试验中的表现及外加磁场对试样腐蚀行为的影响。

9.1 铜及合金在NaCl溶液中的腐蚀行为 ◁◁◁

9.1.1 紫铜在NaCl溶液中的腐蚀行为

紫铜在1%（质量分数）NaCl中浸泡15 d后表面腐蚀形貌如图9.1所示。可以看出紫铜浸泡15 d后表面被暗红色腐蚀产物膜覆盖。同倍率扫描电镜下两种浸泡条件下紫铜表面腐蚀产物形貌呈现明显差别。无磁场条件下紫铜表面被一层团状腐蚀产物覆盖，而加磁场后表面腐蚀产物呈白色粒状，相对比较致密。

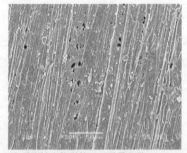
(a) 宏观腐蚀产物形貌[1%(质量分数)NaCl, 0 T]

(b) 宏观腐蚀产物形貌[1%(质量分数)NaCl, 0.4T]

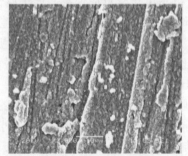
(c) 局部腐蚀产物形貌[1%(质量分数)NaCl, 0 T]

(d) 局部腐蚀产物形貌[1%(质量分数)NaCl, 0.4T]

图9.1 紫铜在1%（质量分数）NaCl中浸泡15 d后表面腐蚀形貌

为了进一步研究磁场对腐蚀产物成分的影响，对紫铜在1%（质量分数）NaCl溶液中浸泡15 d后表面腐蚀产物成分进行EDS分析，结果如图9.2所示。

表9.1为紫铜在1% NaCl溶液中浸泡后的EDS分析结果。EDS分析结果显示紫铜表面白色腐蚀产物主要为铜的氧化物和少量铜的氯化物，无磁场条件下氯的含量很少。基体上暗黑色部分在无磁场条件下为铜的氧化物，加磁场后为铜的氧化物和少量铜的氯化物，但氯元素的含量较白色粒状腐蚀产物中有所减少。对比EDS结果可知，外加磁场后氧和氯元素的含量较无磁场情况下均有增加。

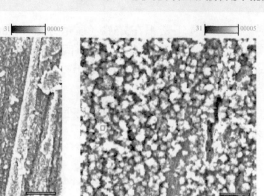

(a) 0 T　　　　　　　　　　　　　(b) 0.4 T

图9.2　紫铜在1%NaCl溶液中浸泡后EDS分析

表9.1　紫铜在1%NaCl溶液中浸泡后EDS分析结果（质量分数）　　　　单位：%

测试部位	O	Cl	Cu
A	12.73	0.86	86.41
B	5.28	—	94.72
C	31.46	15.31	53.23
D	7.2	1.4	91.4

紫铜在3.5%（质量分数）NaCl中浸泡15 d后表面腐蚀形貌如图9.3所示。可以

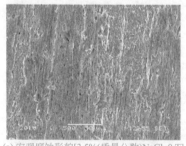

(a) 宏观腐蚀形貌[3.5%(质量分数)NaCl, 0 T]

(b) 宏观腐蚀形貌[3.5%(质量分数)NaCl, 0.4 T]

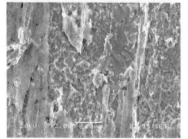

(c) 局部腐蚀形貌[3.5%(质量分数)NaCl, 0 T]

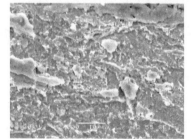

(d) 局部腐蚀形貌[3.5%(质量分数)NaCl, 0.4 T]

图9.3　紫铜在3.5%（质量分数）NaCl中浸泡15 d后表面腐蚀形貌

看出有无磁场两种条件下紫铜在3.5%（质量分数）NaCl溶液中浸泡15 d后均发生较为严重的腐蚀，表面覆盖有腐蚀产物膜。同等倍率扫描电镜放大后可观察到有无外加磁场两种条件下紫铜在3.5%NaCl溶液中浸泡15 d后的表面腐蚀形貌并未出现明显差别。

紫铜在3.5%NaCl溶液中浸泡15 d后表面腐蚀产物EDS分析结果如图9.4、图9.5和表9.2、表9.3所示。

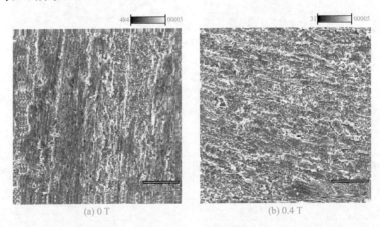

(a) 0 T　　　　　　　　　　(b) 0.4 T

图9.4　紫铜在3.5%NaCl溶液中浸泡后表面腐蚀产物EDS分析（一）

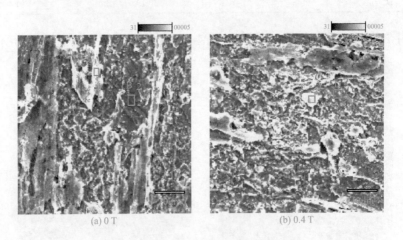

(a) 0 T　　　　　　　　　　(b) 0.4 T

图9.5　紫铜在3.5% NaCl溶液中浸泡后表面腐蚀产物EDS分析（二）

表9.2　紫铜在3.5% NaCl溶液中浸泡后表面腐蚀产物EDS分析结果（一）　　单位：%

测试部位	O	Cu
图9.4（a）	3.67	96.33
图9.4（b）	3.16	96.84

表9.3 紫铜在3.5% NaCl溶液中浸泡后表面腐蚀产物EDS分析结果（二） 单位：%

测试部位	O	Cu
A	10.59	9.41
B	—	100
C	10.99	89.01
D	—	100

　　EDS分析结果表明紫铜表面腐蚀产物成分为铜的氧化物。产物膜中白色部分为铜的氧化物而暗黑色部分为铜基体。腐蚀产物中氧元素含量在有无磁场两种情况下并无太大区别。这与紫铜在1%NaCl溶液中浸泡后的结果有所区别。

9.1.2 紫铜在NaCl溶液中的电化学机理

　　有无外加磁场作用下紫铜在不同浓度NaCl溶液中的极化曲线如图9.6所示。

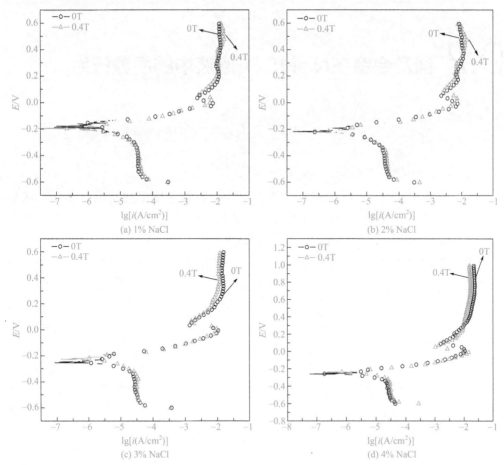

图9.6 有无外加磁场作用下紫铜在不同浓度NaCl溶液中的极化曲线

　　有无外加磁场作用下紫铜在不同浓度NaCl溶液中的极化曲线具有相似的特征，但磁场对阳极极限扩散电流密度的影响则不太明显，但趋势相同，根据表9.4所列的不同浓度的NaCl溶液中紫铜的电化学参数可以看出，磁场在低浓度时使阳极极限扩散电流密度略有增加，而随着NaCl溶液浓度的升高，磁场对阳极极限扩散电流密度的影响则逐渐转为抑制。

表9.4　紫铜在不同浓度NaCl溶液中电化学参数

浓度	E_{corr}/(V)		i_{corr}/(μA/cm²)		I_d/(μA/cm²)	
	0 T	0.4 T	0 T	0.4 T	0 T	0.4 T
1%	−0.184	−0.191	6.561	7.235	9.82×10^3	12.5×10^3
2%	−0.252	−0.223	8.671	7.804	16.5×10^3	19.8×10^3
3%	−0.261	−0.238	13.80	10.25	64.1×10^3	44.95×10^3
4%	−0.261	−0.238	15.78	13.44	98.6×10^3	62.82×10^3

9.2　铜及合金在NaHSO₃溶液中的腐蚀行为

9.2.1　有无磁场对黄铜和紫铜的电化学行为影响

（1）有无磁场对紫铜的电化学行为影响

　　紫铜在不同浓度NaHSO₃溶液中所得的各个磁场强度下的动电位极化曲线如图9.7所示。在不同浓度NaHSO₃溶液中有无磁场作用下紫铜的相关电化学参数如腐蚀电位（E_{corr}）、腐蚀电流密度（i_{corr}）等见表9.5。

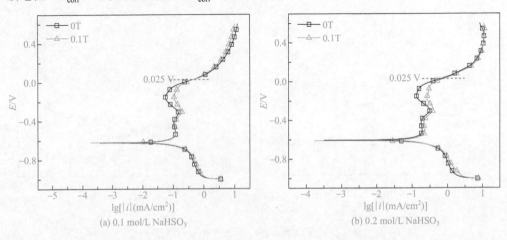

图9.7　紫铜在不同浓度NaHSO₃溶液中所得的有无磁场作用下的动电位极化曲线

表9.5 紫铜在不同浓度NaHSO₃溶液中有无电磁场作用下的电化学参数

C_{NaHSO_3} / (mol / L)	E_{corr}/mV		i_{corr}/(μA/cm²)		$i_c(-0.8\ \text{V})$/(mA/cm²)	
	0T	0.1T	0T	0.1T	0T	0.1T
0.1	−622	−619	41.1	57.3	−0.43	−0.49
0.2	−605	−610	94.4	104.5	−0.93	−1.07

　　观察图9.7，可以发现在不同浓度NaHSO₃溶液中，所得的有无外加磁场作用下紫铜的动电位极化曲线具有相似的特征：阳极极化电流密度先随电极电位的上升崎岖缓慢增大，当达到一定电位值后电流密度猛然增大，随后达到阳极峰值电流，电流密度随电极电位的上升而基本处于稳定，不再变化。上述说明紫铜的阳极溶解机制并不受外加磁场的影响。

　　结合表9.5中给出的不同浓度NaHSO₃溶液中有无电磁场作用下紫铜的电化学参数可以看出，外加磁场几乎不影响紫铜的自腐蚀电位（E_{corr}），但在一定程度上增大了腐蚀电流密度（i_{corr}）和阴极电流密度。因此，外加磁场对紫铜极化过程的影响主要是在动力学过程上，而非热力学过程。

　　为表征磁场作用程度，定义磁场对极化行为的作用系数 q_{mag} 如下：

$$q_{\text{mag}} = i_{\text{mag}}/i_{0T} \tag{9.1}$$

式中　q_{mag}——磁场作用系数；

　　　　i_{mag}——磁场作用下所得的电流密度，mA/cm²；

　　　　i_{0T}——无磁场作用下对应的电流密度，mA/cm²。

　　$q_{\text{mag}}>1$、$q_{\text{mag}}=1$ 和 $q_{\text{mag}}<1$ 分别对应磁场加速、不改变和减缓极化行为。如用 q_{mag} 来描述磁场对紫铜极化行为的影响，对于紫铜的阴极极化行为，可以发现不论在哪个浓度的NaHSO₃溶液中，施加0.1 T磁场强度后，阴极电流密度与没有磁场相比均稍有增大（$q_{\text{mag, 0.1}}=1.14$，$q_{\text{mag, 0.2}}=1.15$），使得 $q_{\text{mag}}>1$，反映了磁场对紫铜阴极过程的加速作用。

　　对于紫铜的阳极极化行为，由图9.7中可以看到，当电位低于0.025 V时，对于两种溶液浓度中所得曲线，磁场下所得的阳极电流密度明显比无磁场作用下所得的大，$q_{\text{mag}}>1$，磁场促进了紫铜的阳极溶解。这是因为在这个电位区间内，主要发生的是吸附粒子，如 $\text{Cu(HSO}_3)_3^-_{\text{ads}}$ 或者 $\text{Cu(SO}_4)_2^{2-}_{\text{ads}}$ 在试样表面的生成。由于磁场的存在，使得离子的迁移发生改变，进而会影响粒子在试样表面的吸附，造成表面吸附不均。而另一方面，磁场的存在也使得溶液中离子迁移速度加快，进而加快反应速率。

　　然而当电位超过0.025 V，溶液浓度为0.1 mol/L NaHSO₃时，磁场作用下所得电流密度比无磁场作用下的稍小，使得 $q_{\text{mag}}<1$，说明在高电位区域，磁场的存在对阳极溶解有轻微的抑制作用。而当溶液浓度为0.2 mol/L时，磁场下的电流密度整体稍大于无磁场下所得的，轻微促进紫铜的阳极溶解。

　　综上所述，磁场对紫铜的阴极过程有一定的促进作用；而对于阳极行为，磁场主要是在低电位下有较为明显的促进作用；当超过一定电位，不论溶液浓度大小，磁场对紫铜阳极溶解的作用不论是抑制还是促进效果都不明显，与未加磁场时差别不大。

（2）有无磁场对黄铜的电化学行为影响

有无外加磁场作用下黄铜在不同浓度NaHSO₃溶液中的动电位极化曲线如图9.8所示，观察图9.8可以发现所得的黄铜的动电位极化曲线与上述紫铜的具有相似的特征。表9.6给出了所得曲线的相关电化学参数。

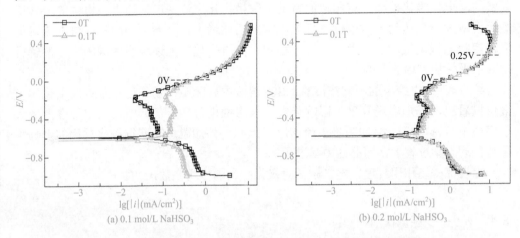

(a) 0.1 mol/L NaHSO₃　　　　(b) 0.2 mol/L NaHSO₃

图9.8　有无外加磁场作用下黄铜在不同浓度NaHSO₃溶液中的动电位极化曲线

表9.6　黄铜在不同浓度NaHSO₃溶液中有无电磁场作用下的电化学参数

c_{NaHSO_3} / (mol / L)	E_{corr}/mV		i_{corr}/(μA/cm²)		i_c(−0.8 V)/(mA/cm²)	
	0T	0.1T	0T	0.1T	0T	0.1T
0.1	−597	−621	39.9	61.7	−0.56	−0.30
0.2	−593	−610	80.3	82.9	−0.87	−0.94

结合表9.6中给出的不同浓度NaHSO₃溶液中有无电磁场作用下黄铜的电化学参数可以看出，外加磁场几乎不影响黄铜的自腐蚀电位（E_{corr}），但在一定程度上增大了腐蚀电流（i_{corr}），并对阴极还原过程有一定的影响。在低浓度的NaHSO₃溶液中，外加磁场使阴极还原电流密度略有降低，随着NaHSO₃浓度的增加，外加磁场使阴极电流密度增大。因此，与紫铜一样，外加磁场不影响黄铜的阳极溶解机制，且对黄铜极化过程的影响主要是在动力学过程上，而非热力学上的过程。

如用q_{mag}来描述磁场对黄铜极化行为的影响，对于黄铜的阴极极化行为，在0.1 mol/L NaHSO₃溶液中，施加0.1 T磁场强度后，阴极电流密度与没有磁场相比大幅减小，其磁场作用系数q_{mag}=0.536<1，说明磁场有减缓阴极过程的作用。然而，在0.2 mol/L NaHSO₃溶液中，施加磁场使阴极电流密度有所增大，q_{mag}=1.08>1，反映了磁场对阴极过程的加速作用。也就是说，磁场对于黄铜阴极极化行为的促进或是减缓作用与溶液的浓度有关。在低浓度溶液中，磁场倾向于减弱阴极过程，而在高浓度溶液中，则会促进阴极极化。

对于黄铜的阳极极化行为，由图 9.8 中可以看到，当电位低于 –0.015 V 时，对于两种溶液浓度中所得曲线，磁场下所得的阳极电流密度明显比无磁场作用下所得的大，磁场促进了黄铜的阳极溶解。

然而当外加电位超过 –0.015 V 值，观察在 0.1 mol/L NaHSO$_3$ 溶液中所得的曲线可以发现，磁场作用下所得电流密度比无磁场作用下的稍小，使得 q_{mag}<1，说明在高电位区域，磁场的存在对阳极溶解有轻微的抑制作用。当溶液浓度为 0.2 mol/L 时，当电位处于 0 ~ 0.25 V 时，磁场作用与低浓度溶液中的作用相同；然而当电位高于 0.25 V 时，磁场下的电流密度比无磁场下所得稍大，轻微促进黄铜的阳极溶解。总体来说，当电位高于 –0.015 V 时，不论溶液浓度大小，磁场对阳极行为的影响均不大。

综上所述，磁场的存在对黄铜和紫铜的阳极溶解影响基本一致，而且主要是在较低过电位下有比较明显的促进作用。

9.2.2　磁场强度对黄铜和紫铜的电化学行为影响

（1）磁场强度对紫铜电化学行为的影响

紫铜在不同浓度 NaHSO$_3$ 溶液中所得的各个磁场强度下的动电位极化曲线如图 9.9 所示。

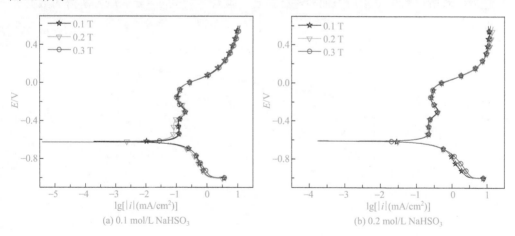

图9.9　紫铜在不同浓度NaHSO$_3$溶液中所得的不同磁场强度下的动电位极化曲线

观察图 9.9 可以发现，磁场强度的变化对紫铜在亚硫酸氢钠溶液中的极化行为影响不大。对于阴极过程，不论是溶液浓度高低，阴极极化电流密度随着磁场强度的增加而缓慢增加。因而，在本试验条件下，紫铜的磁场作用系数 q_{mag}>1，且随着磁场强度的增大而增大。也就是说，紫铜的阴极极化过程随着磁场强度的增大而加快反应速率。

对于阳极过程，很明显，磁场强度的变化对阳极电流密度的影响不大，几乎没有变化，这可能是因为在施加磁场状态下，体系中的带电粒子已经达到扩散极限，从而使得改变磁场强度的大小对阳极过程的影响不大。根据 Chopart 等[7]提出的外加磁场下的极限扩散电流密度正比于 $B^{1/3}C_\infty^{4/3}$ 以及 Fick 第一定律（$i_{L,0T} = nFDC/\delta$），可以得到：

$$q_{mag} = \frac{\mu\delta}{nFD}B^{1/3}C_\infty^{1/3} \propto B^{1/3}C_\infty^{1/3} \tag{9.2}$$

式中　　q_{mag}——磁场作用系数；

μ——与反应速率常数、扩散系数以及电极几何尺寸有关的常数；

δ——扩散层厚度，cm；

n——氧还原反应中电荷转移数；

F——法拉第常数，C/mol；

D——扩散系数，cm/s；

B——磁场强度，T；

C_∞——电活性物质的本体浓度，mol/L。

因此在本测试体系中，用参数 q_{mag} 来衡量磁场对紫铜阳极极限扩散电流密度的影响，q_{mag} 是磁场强度 B 的函数。实验所得的 q_{mag}–B 曲线和计算所得的 $B^{1/3}C_\infty^{1/3}$–B 曲线如图 9.10 所示。观察图 9.10 可以发现，随着磁场强度的增大，q_{mag} 和 $B^{1/3}C_\infty^{1/3}$ 均呈现上升趋势。对所得图 9.10 中所得曲线进行拟合，拟合方程为 $y = a + bx$，所得的数据见表 9.7。

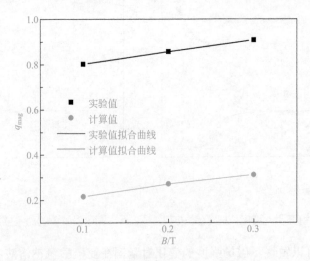

图9.10　q_{mag} 和计算所得 $B^{1/3}C_\infty^{1/3}$ 与磁场强度 B 的关系（紫铜，0.1 mol/L NaHSO$_3$）

观察所得的拟合数据可以发现，两条直线的斜率相差不大，而截距的差异主要是因为理论计算结果未乘系数 $\dfrac{\mu\delta}{nFD}$。因而，实验结果与理论计算结果相符，证明了实验结果的正确性。

表9.7　q_{mag}-B和计算所得 $B^{1/3}C_\infty^{1/3}$ -B曲线拟合相关参数（紫铜，0.1 mol/L NaHSO$_3$）

项目	截距		斜率		误差
	数值	误差	数值	误差	方差
实验数据	0.7499	0.00286	0.5275	0.01324	0.99874
理论数据	0.1706	0.01041	0.4765	0.04821	0.97974

（2）磁场强度对黄铜电化学行为的影响

黄铜在不同浓度NaHSO$_3$溶液中所得的各个磁场强度下的动电位极化曲线如图9.11 所示。

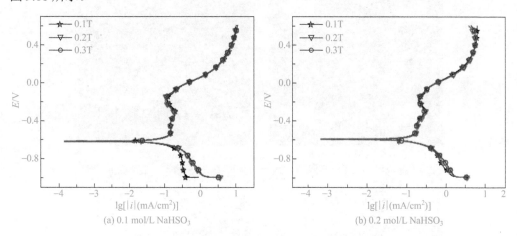

(a) 0.1 mol/L NaHSO$_3$　　　　(b) 0.2 mol/L NaHSO$_3$

图9.11　黄铜在不同浓度NaHSO$_3$溶液中所得的各个磁场强度下的动电位极化曲线

观察图9.11可以发现，磁场强度的变化对黄铜在亚硫酸氢钠溶液中的极化行为影响同紫铜一致，也不是很大。对于阴极过程，不论溶液浓度高低，阴极极化电流密度随着磁场强度的增加而缓慢增加。但是对于磁场作用系数 q_{mag} 而言，当溶液为 0.1 mol/L NaHSO$_3$ 时，q_{mag} 随着磁场强度的增大而减小；而相反的是，当溶液为 0.2 mol/L NaHSO$_3$ 时，q_{mag} 随着磁场强度的增大而增大。对于阳极过程，改变磁场强度的大小，同样可以发现黄铜阳极电流密度几乎没有变化。

因此整体而言，就本试验体系，不论磁场强度大小，只要存在磁场就会对黄铜和紫铜在不同浓度溶液中的极化行为产生一定的影响。也就是说，在阳极区域低电位下，对黄铜或紫铜的阳极溶解过程有明显的促进作用，但是改变磁场强度的大小对阳极溶解的影响不大。

9.2.3　磁场对腐蚀形貌影响

（1）磁场对黄铜腐蚀形貌的影响

图9.12为黄铜在有无磁场作用下极化后的宏观腐蚀形貌图（导线由试样上方接出）。观察图9.12可以发现，从宏观上来看，无磁场作用下的整个试样表面的产物由四边向中心逐渐减少，忽略边缘效应，从整个中心区域来看，试样表面的棕红色产物大小及其分布相对较为均匀。对比0.1 T磁场作用下所得的试样表面可以发现，除去边缘效应，整体腐蚀不均，2区的腐蚀产物最少，1区和4区较多，3区最多。随着磁场强度的增大，尤其是0.3 T条件下，极化后试样表面的腐蚀产物显著减少，特别是1区和2区，基本没有腐蚀产物附着，这表明磁场的存在对表面腐蚀产物的迁移有很大的影响。

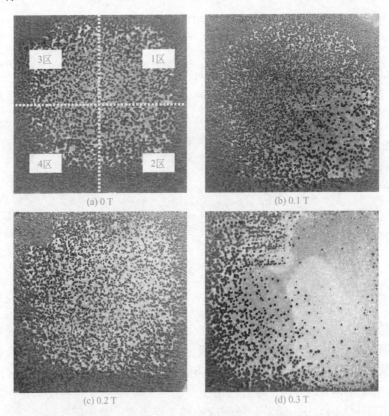

(a) 0 T　　　　　　　(b) 0.1 T

(c) 0.2 T　　　　　　(d) 0.3 T

图9.12　有无磁场作用下，黄铜在0.1 mol/L NaHSO$_3$溶液中极化后的表面宏观腐蚀形貌

由于表面腐蚀产物的分布不均，为更好地观察形貌，在此将试样分成四个区域进行电镜观察，划分方法见图9.12（a）。为了减少边缘效应引起的误差，进行电镜观察时已尽量避开试样的边缘区域，分别在四个区域的中心区域拍摄。图9.13和图9.14分别给出了有无磁场作用下，黄铜在0.1 mol/L NaHSO$_3$溶液中极化后的微观

表面腐蚀形貌。

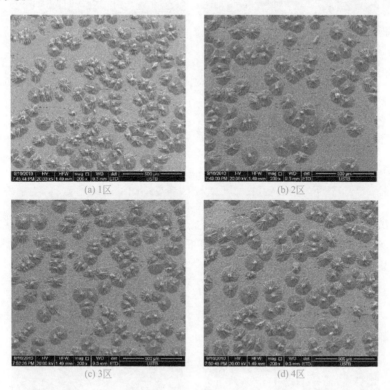

图9.13　无磁场作用下，黄铜在0.1 mol/L NaHSO₃溶液中极化后的表面微观腐蚀形貌

　　观察图9.13和图9.14可发现，无磁场作用下，四个区域内的产物分布基本一致，说明无磁场作用下是整体均匀腐蚀的。腐蚀产物以圆形居多，且上面都带着一个小的凸起。EDX产物成分分析结果表明黄铜的腐蚀产物成分主要是Cu、O和S。

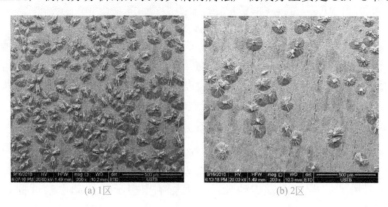

图9.14

(c) 3区

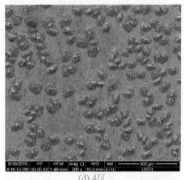
(d) 4区

图9.14　0.1T下，黄铜在0.1 mol/L NaHSO₃溶液中极化后的表面微观腐蚀形貌

观察0.1 T作用下的腐蚀形貌，很明显可以发现，3区产物最多，2区最少。同样可以发现，产物形貌基本与无磁场作用下一致，除了在个别方向上产物异常生长，使得其比其他部分要高，见图9.15。

(a) 产物的异常长大

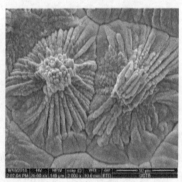
(b) 凸起的不同取向

图9.15　0.1 T下，黄铜在0.1 mol/L NaHSO₃溶液中1区的腐蚀产物微观形貌图

通过观察，认为这些异常长大主要取决于顶上凸起的方向。如果凸起是由垂直于试样表面的条状物组成的，则下部产物倾向于均匀生长；如果凸起并非垂直于表面，如平行于试样表面，则沿凸起方向的表面能较低，使得凸起方向成为产物生长的择优取向，易于离子沉积，从而促进了产物沿凸起方向的异常长大。

由于本试验溶液体系中不含有任何顺磁性粒子，因而磁场对电极过程的影响主要集中在对溶液中物质传递的影响上。引用磁流体动力学理论（MHD）[8,9]来描述磁场对界面传质过程的作用。在磁场中，运动的带电粒子会受到洛伦兹力的作用，使得其运动速率增大[10]和方向发生改变，从而影响电极反应的动力学过程。有文献表明当外加磁场与溶液中的粒子流方向垂直时，磁流体力学流动现象最为显著。因此本试验选取如图9.16所示的磁场加载方式，使外加磁场的方向与电极表面垂直。

在极化过程中，辅助电极和工作电极之间会产生电场。由于体系的特殊性，这个电场的方向并非平行于试样表面，而是向左上方。因此分解这个电场可以分别得到一个平行于试样表面的电场（$E_{/\!/}$，x 方向）和垂直于试样表面的电场（$E_\perp$，y 方向），如图9.16所示。因此溶液中带电离子就处在一个既有电场又有磁场的体系中，使得它们的迁移将在电磁场的影响下发生偏移。

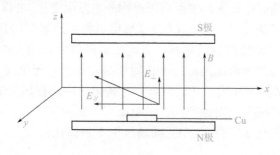

图9.16　磁场加载方式示意图

当没有磁场只有电场存在时，正离子的迁移方向就是沿电场方向，一方面由右至左（也就是 x 负方向）。同时，向远离试样表面的方向（也就是 z 正方向）运动。图9.17（a）简单示意了无磁场条件下带电正粒子的迁移。

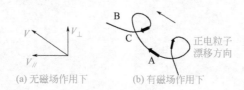

图9.17　带正电粒子在有无磁场作用下的运动描述

图9.17（b）给出了当磁场和电场均存在情况下正离子的迁移情况。带电正离子如 Cu^{2+} 从 A 迁移到 B，在电场的作用下，Cu^{2+} 沿 x 负方向迁移。这时，由于磁场的作用，运动的 Cu^{2+} 将受到一个沿 y 负方向的洛伦兹力，使得 Cu^{2+} 的迁移方向偏向 y 的负向。但是，随着迁移向 y 的偏移，Cu^{2+} 所受到的洛伦兹力的方向也在改变，使得 Cu^{2+} 的运动速度越来越小，而且其回旋半径也在不断减小，偏离圆周轨道运动。接着当 Cu^{2+} 由 B 点运动到 C 时，粒子的运动方向与电场的方向大体一致，因而 Cu^{2+} 运动的速度越来越大，回旋半径也随之增大。当 Cu^{2+} 继续由 C 点向前时，其轨道与 AB 一致，然后 BC 依次循环。

对于本文的 $Cu/NaHSO_3$ 体系，在外加电位较低时，随着电位的增大，阳极溶解速率由于磁场的作用明显增大。这是因为表面产物离子（Cu^{2+} 和 Zn^{2+} 等）在表面和溶液深处的浓度差的作用下，会离开电极/溶液界面，向溶液中扩散。在电场的作用下，这些正粒子沿 x 轴反向运动；由于外加磁场垂直于试样表面，因而这些运动的离子将会受到垂直于电极表面的外加磁场引起的 MHD 作用，使它们的传递速度加快并使运动向 y 的反向偏移（具体迁移轨道如图9.17所示），从而导致界面扩散层的厚度的减小，加速紫铜的阳极溶解，而离子的偏移导致了表面腐蚀产物的分布不均。当电位高于0.025 V时，磁场的存在对阳极溶解影响不大，这是因为试样迅速活化溶解，产物无法在短时间内扩散到溶液中，造成产物在表面的积聚，减弱磁场影响。

图9.18是黄铜在0.2 mol/L NaHSO$_3$溶液中，不同磁场强度下极化后的宏观表面腐蚀形貌。随着磁场强度增大，表面腐蚀产物分布发生变化，1区和2区的覆盖率开始下降，可以零星看到基体。而3区和4区被覆盖得更加紧密，且大概在3区和4区交汇的位置出现更多腐蚀产物的累积，呈现螺旋形腐蚀形貌。由于溶液浓度增大，试样表面腐蚀产物比溶液浓度为0.1 mol/L时明显增多。以无磁场强度为例，低浓度的［图9.12（a）］试样表面仅四边区域被紧密覆盖，中心区域仍有大量区域未被腐蚀产物覆盖；而高浓度下，腐蚀产物几乎全面覆盖试样表面，可对试样表面形成保护层。这也说明了为什么在图9.8中无磁场作用下的极化曲线上，当电位高于0.4 V时，电流密度开始减小。

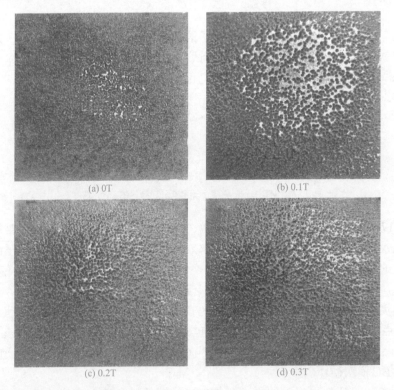

(a) 0T   (b) 0.1T

(c) 0.2T   (d) 0.3T

图9.18 黄铜在0.2 mol/L NaHSO$_3$溶液中不同磁场强度极化后的宏观表面腐蚀形貌

对比图9.12和图9.18，可以发现磁场强度大小的改变对试样表面的腐蚀形貌的影响随着溶液浓度的增大而减弱。这可能是因为在高浓度环境中，试样阳极溶解被大大促进，使得表面生成大量的腐蚀产物。虽然磁场的存在在一定程度上会促进带电粒子的迁移，但是当浓度影响占主导地位时，表面产物的生成速率大于粒子的迁移速率，这就使得产物可以在表面上得以积累，不会出现像图9.12（d）那种试样的一面几乎没有腐蚀产物的现象。

（2）磁场对紫铜腐蚀形貌的影响

同样，观察紫铜在不同磁场强度条件下极化后所得的宏观形貌图（图9.19）可以发现，随着磁场强度的增大，由于粒子迁移受到更大的影响，1区和2区试样表面被腐蚀产物的覆盖率降低，而3区和4区的覆盖率增大，并且腐蚀产物的积累更加明显。在同样条件下，与黄铜所得的宏观表面腐蚀形貌相比，紫铜表面上腐蚀产物较多，这可能跟黄铜脱锌有关。

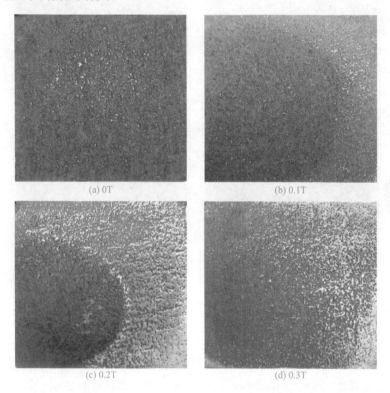

图9.19　紫铜在0.2 mol/L NaHSO₃溶液中，不同磁场强度下所得的极化后的宏观形貌图

在0.2 mol/L NaHSO₃溶液中，紫铜在不同磁场强度作用下极化后的表面微观腐蚀形貌（3区）如图9.20所示。可以发现，腐蚀产物的基本形状和黄铜表面所得一致，且EDX产物成分分析结果表明紫铜的腐蚀产物成分基本与黄铜的一致，主要是由O、S、Cu组成的。但是与黄铜相比，在所有的试验条件下，紫铜的产物大多是均匀生长。这个现象说明产物在某些方向的异常生长与磁场作用以及磁场强度大小无关。另外，紫铜的均匀生长也从侧面反映出黄铜异常生成可能是由于铜离子被锌原子还原析出，重新沉积在试样表面有关。

另外，观察图9.20可以发现，随着磁场强度的增大，图中凸起的数量增多，但整体来说凸起的大小并没有明显改变。另外，凸起下腐蚀产物的扩张却随着磁场强度的增大有缩小趋势，这可能是由于带电粒子在高的磁场下迁移速度较快，使得沉积速率降低，从而在同样的时间内，高磁场强度下的腐蚀产物长得较小。

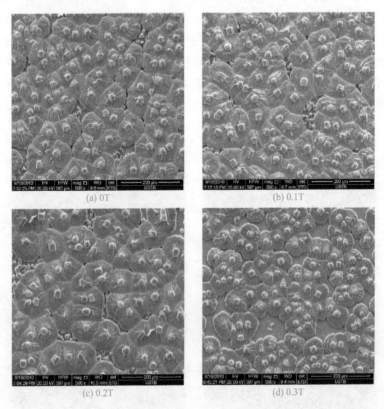

(a) 0T

(b) 0.1T

(c) 0.2T

(d) 0.3T

图9.20　不同磁场强度作用下，紫铜在0.2 mol/L NaHSO$_3$溶液中极化后的表面微观腐蚀形貌（3区）

通过对整体黄铜和紫铜SEM微观腐蚀形貌图的观察，认为腐蚀产物的成长主要通过以下方式，分为四个阶段。首先是形核，如图9.21所示，腐蚀产物最先在试样表面出现的形式是一个一个的小圆球。通常情况下，形核部位主要是基体表面一些

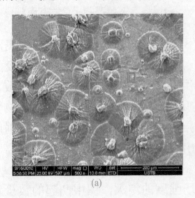

(a)

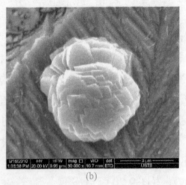

(b)

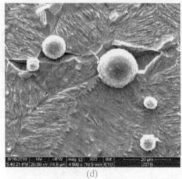

(c)　　　　　　　　　　　(d)

图9.21　腐蚀产物形核微观形貌图（黄铜，0.2 mol/L NaHSO₃，0.3 T）

能量比较低的地方，如缺陷、锌优先溶解区域等，见图9.21（d），形核后按照一定规则不断长大。

　　当产物核长到一定大小，就会在球上出现凸起，形成葫芦形，见图9.22（a）和图9.22（b）。由于观察到的凸起方向没有规律性，所以认为凸起的形状以及生长方向不受磁场的影响，而仅仅尤其由本身的择优取向决定。凸起形状的不同，将会影

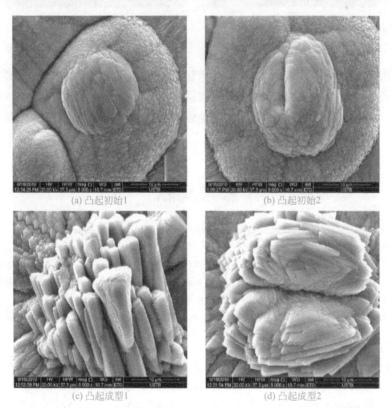

(a) 凸起初始1　　　　　　　　(b) 凸起初始2

(c) 凸起成型1　　　　　　　　(d) 凸起成型2

图9.22　腐蚀产物凸起的微观形貌图（黄铜，0.2 mol/L NaHSO₃，0.3 T）

响产物的后续生长，比如说异常长大。另外，从所得的SEM图中观察发现，凸起长到一定大小就不再长大。

在凸起长大的同时，下面的原始球核也向其周围扩展，变成扁平的圆形，见图9.23（a）中椭圆所圈区域。由于空间不足，当这些产物相互接触后，它们之间会互相挤压，形成不规则的形状，同时也抑制了单个产物在横向的进一步扩展。这时，产物更加倾向于向纵向发展，见图9.23（a）中方框所圈区域，形成一个个的像羽毛一样的形状，见图9.23（b）。

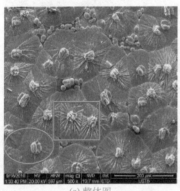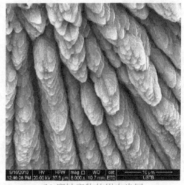

(a) 整体图　　　　　　　　　　　(b) 腐蚀产物的纵向发展

图9.23　腐蚀产物微观形貌图（黄铜，0.2 mol/L NaHSO$_3$，0.3 T）

综上所述，对于本试验体系，黄铜和紫铜在磁场下所得的腐蚀产物形貌基本一致。在同样的条件下，在紫铜上的凸起数量要大于在黄铜上的凸起数量，但是腐蚀产物没有黄铜多。另外，腐蚀产物主要是通过"形核（球形）—变形（葫芦形）—横向扩展—纵向扩展"的方式长大。

参考文献

[1] Noninski V C. Magnetic field effect on copper electrode position in the Tafel potential region[J]. Elecrrochimica Acta, 1997，42(2)：251-254

[2] 吕战鹏, 黄德伦, 杨武. 磁场对Cu/NaCl体系表观Tafel阳极溶解的作用[J]. 腐蚀与防护, 2001, 22(3): 95-97.

[3] Ruciuskiene A, Bikulcius G, Cmdaviciute L, et al. Magnetic field effect on stainless steel corrosion in FeCl$_3$ solution[J]. Electrochemistry Communications, 2002, 4: 86-91.

[4] Lu Z P, Huang C B, Huang D L, et al. Effects of a magnetic field on the anodic dissolution, passivation and transpassivation behaviour of iron in weakly alkaline solutions with or without halides[J]. Corrosion Science, 2006, 48: 3049-3077.

[5] 吕战鹏, 黄德伦, 杨武. 磁场对两种浓度氯化钠溶液中铜阳极溶解的影响[J]. 腐蚀与防护, 2001, 22(4): 141-144.

[6] Krause A，Kozaa J，Ispas A, et al. Magnetic field induced micro-convective phenomena inside the diffusion layer during the electrodeposition of Co, Ni and Cu[J]. Electrochimica Acta，2007，52(22)：6338-6345.

[7] Leygraf C and Graedel T E. Atmospheric Corrosion [M]. New York: John Wiley & Sons, 2000: 135-176.

[8]　Fahidy T Z. Magnetoelectrolysis [J]. Journal of Applied Electrochemistry, 1983, 13(5):553-563.

[9]　Tacken R A, Janssen L J J. Applications of magnetoelectrolysis [J]. Journal of Applied Electrochemistry, 1995, 25(1):1-5.

[10]　Fahidy T Z. The effect of magnetic fields on electrochemical process[J]. Modern Aspects of Electrochemistry, 2002, 32:333-354.

第10章
电子材料在液滴下的腐蚀行为与机理

印制电路板（PCB）作为电子元器件的支撑体和电子元器件电气连接的提供者，在实际使用环境下，由于昼夜温差变化或PCB本身温度场的波动，PCB-Cu表面容易发生凝露现象，引发微小液滴下的电化学腐蚀。随着PCB进一步向微型化和高度集成化方向发展，PCB对环境污染物的浓度要求十分苛刻，远低于对人体健康损害的标准量级，极微量的吸附液膜或腐蚀产物都会对电子电路和元器件的性能产生严重的影响。因此，PCB的腐蚀问题也日渐突显出来。

本章通过体式学显微镜、扫描电镜（SEM）、X射线能谱分析（EDS）、电化学交流阻抗谱（EIS）和扫描Kelvin探针（SKP）等测量技术研究了PCB-Cu、PCB-ENIG、PCB-ImAg和PCB-HASL四种试验材料在pH=3.7和2.7的稀硫酸液滴（经换算，相当于空气中SO_2浓度分别在1×10^{-6}和100×10^{-6}左右）下的腐蚀行为与机理，以模拟在含硫污染环境下发生凝露现象对PCB的危害，为PCB实际服役环境下的选材和寿命评估提供数据基础和指导。

10.1 液滴下PCB腐蚀试验方法

◁◁◁

采用分析纯浓硫酸和去离子水配制pH=3.7和2.7的硫酸溶液，通过WDYI型微量注射器在试样表面滴加液滴，液滴大小5 μL。随后，将滴加液滴和未滴加空白对照样品同时置于ESPEC SET-Z-022R型湿热箱内，控制温度60℃、相对湿度95%，24 h后取出。利用Keyence VHX-2000型体式学显微镜和FEI Quanta 250型环境扫描电镜观察试样表面液滴扩展情况和腐蚀形貌，结合Ametek Apollo-X型EDS能谱分析仪对液滴区域进行元素分布面扫描测试。采用PAR M370扫描电化学工作站对试样进行SKP测试，探针到试样表面距离为(100±2) μm，振动频率80 Hz、振幅30 μm，扫描模式为Step Scan面扫，区域大小4 mm×4 mm，实验室环境控制温度25℃、相对湿度60%。

交流阻抗谱EIS的测量仪器为PAR VMP3多通道电化学工作站，采用三电极体系，PCB试样为工作电极，铂片为辅助电极，饱和甘汞电极（SCE）为参比电极，微液滴测试装置如图10.1所示。电解液使用pH=2.7的稀硫酸溶液，在开路电位下进行EIS测试，扫描频率为0.01 ～ 1×10⁵ Hz，扰动电位10 mV，测试结束后采用ZSimpWin V3.20对EIS数据进行拟合。

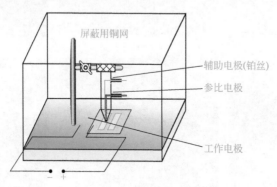

图10.1　微液滴测试装置示意图

10.2 液滴下PCB腐蚀行为

10.2.1　腐蚀形貌

60℃、95% RH环境中PCB在不同pH液滴下腐蚀24 h的光学显微照片如图10.2所示。不同工艺处理的PCB腐蚀形貌存在明显区别：在pH=3.7的液滴下，PCB-Cu仅局部发生轻微的腐蚀，pH值达到2.7时，则发生全面腐蚀，整个液滴区域完全变黑，边缘堆积较多腐蚀产物，颜色偏暗；镀金处理后PCB-ENIG在高pH值下液滴中心区域颜色泛黄，边缘出现离散的颗粒状腐蚀产物，随pH值降低腐蚀区域向液滴中心发展；而PCB-ImAg样液滴中心区域基本不发生腐蚀，仅在边缘腐蚀严重，随酸度增加，边缘腐蚀产物量明显增加但并未扩展到液滴中心；PCB-HASL在酸度低时基本不腐蚀，酸度增加，镀锡层表面形成一层较薄的腐蚀产物膜。

10.2.2　腐蚀产物分析

图10.3是试验条件下不同表面工艺处理PCB的SEM形貌与EDS元素分布面扫结果，由图10.3（a）可以看出PCB-Cu试样液滴区域氧元素含量明显增高，同时还存在微量的硫元素，表明腐蚀产物主要为铜的氧化物和硫酸盐。镀金处理后，PCB-

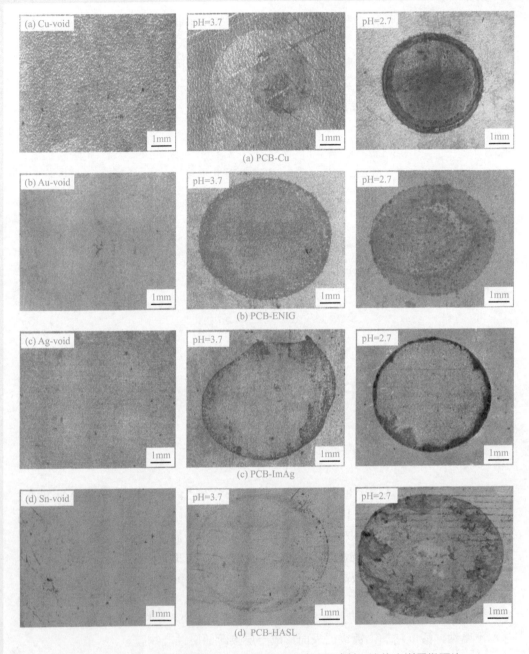

图10.2　60 ℃、95% RH环境中PCB在不同pH微液滴下腐蚀24 h的光学显微照片
（void—未滴加液滴空白样）

ENIG的腐蚀形貌发生明显改变，试样表面零散地分布着一些颗粒状凸起物，其数量由边缘向液滴中心方向逐渐递减，且凸起处氧元素含量明显升高，表明该处存在基底的腐蚀产物（该条件下金层不会氧化或腐蚀）。试验用PCB-ENIG样品镀金层只

有 0.2 μm，不可避免地存在微孔与表面缺陷，导致这些区域的中间过渡层（Ni）甚至基底 Cu 与电解质溶液直接接触，与镀金层形成电偶而加速腐蚀，腐蚀产物成分主要为 Ni 或 Cu 的氧化物，由于腐蚀产物体积膨胀，其填充微孔并沿孔壁迁移至镀金层表面，该腐蚀形式又称为微孔腐蚀[1]。不同于镀金层，因浸银层的致密度明显提升，大大地减少了微孔腐蚀的发生，所以看到液滴中心区域的 PCB-ImAg 基本不腐蚀，在该区域镀银层确实起到了保护基底的作用。但是在液滴的边缘由于氧浓差作用，以及 SO_4^{2-} 对于银的侵蚀，镀银层一旦破损，裸露的基底在电偶效应下会加剧腐蚀；图 10.3（c）显示 PCB-ImAg 液滴边缘区域 Cu 元素含量大幅增加，说明该处基底腐蚀产物已迁移至银层表面。三种表面工艺中，喷锡处理的 PCB 耐蚀性能最佳，从 SEM 形貌和 EDS 面扫图［图 10.3（d）］中可以看出，镀锡层表面仅存在一层极薄的腐蚀产物膜，液滴处氧元素略有升高，而基底 Cu 完全探测不到。

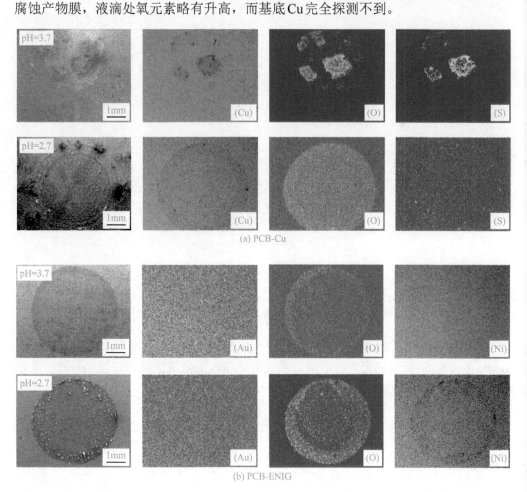

图 10.3

197

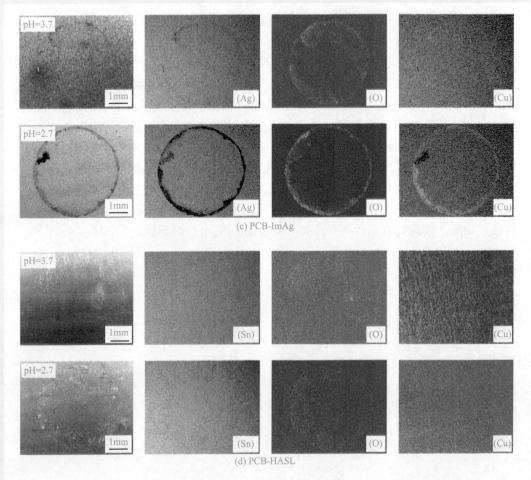

图10.3　60℃、95% RH环境不同表面工艺处理PCB的SEM形貌与EDS元素分布面扫描

10.2.3　Kelvin电位

为了研究液滴下PCB不同区域腐蚀行为规律，对试验后样品整个液滴区域表面Kelvin电位E_{kp}进行了测定。对不同工艺表面处理PCB液滴区域的表面Kelvin电位分布进行了高斯拟合，拟合函数如式（10.1）所示[2]。

$$y = y_0 + \frac{A}{w\sqrt{2\pi}}\exp\left(\frac{(x-\mu)^2}{2w^2}\right) \tag{10.1}$$

（1）PCB-Cu

从图10.4和表10.1可以看出，PCB-Cu空白样表面电位分布较均匀，集中于−0.3286 V附近；滴加pH=3.7的H_2SO_4溶液后，液滴区域局部出现腐蚀产物，腐蚀产物覆盖区域电子逸出困难，电位升高，在电位图中表现为暖色调区域[3]，整体期望值上升至−0.3183 V，此外，σ值也有所增加，表面电位分布离散程度加大；pH值达到2.7时，腐蚀产物膜增厚，整个液滴区域呈现为颜色较深的暖色调，表面Kelvin电位大幅正移，电位期望达到–0.2920 V，标准差σ出现极大值，表面电位差值最大。

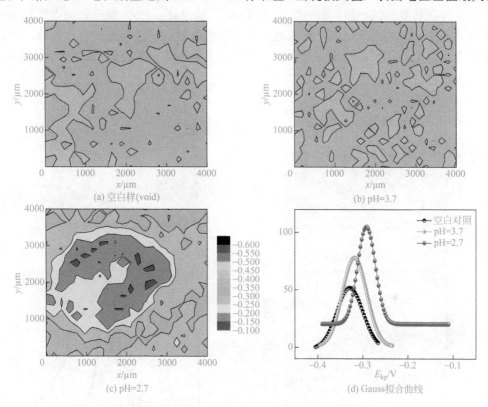

图10.4　不同试验条件下PCB-Cu表面SKP电位分布与高斯拟合曲线

表10.1　PCB-Cu表面SKP电位分布的高斯拟合结果

PCB-Cu	μ/V	σ
空白对照	–0.3286	0.02668
pH=3.7	–0.3183	0.02679
pH=2.7	–0.2920	0.05761

（2）PCB-ENIG

PCB-ENIG表面电位分布及拟合结果如图10.5和表10.2所示。镀Au处理后，空白样的表面电位相对于PCB-Cu分布更为均匀，标准差σ仅为0.02205，电位基本分布于–0.2265 V附近，表明PCB-ENIG表面状态无明显变化，有较好的耐湿热腐蚀的能力；滴加pH=3.7的液滴后，整个液滴区域电位有所下降，在电位图上呈现颜色较深的冷色调，这是由于液滴中稀H_2SO_4的活化作用，使得试样表面活性提高，电位负移，这也导致σ值增大，表面电位分布差值较大；液滴pH=2.7时，PCB-ENIG则发生严重腐蚀，从电位图（图10.5）可以看到，液滴边缘区域呈高电位的暖色调，表明该处存在较多腐蚀产物，进一步结合图10.2（b）形貌可知，微孔腐蚀点数目由边缘向液滴中心方向迅速递减，相应地，电位图也由暖色调逐渐过渡到冷色调，中心区域电位甚至低于空白样电位期望值，产生较大的表面电位差值，σ值达到极大值。

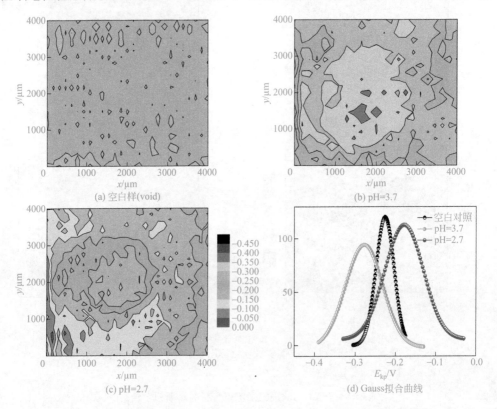

图10.5　不同试验条件下PCB-ENIG表面SKP电位分布与高斯拟合曲线

表10.2　PCB-ENIG表面SKP电位分布的高斯拟合结果

PCB-ENIG	μ/V	σ
空白对照	−0.2265	0.02205
pH=3.7	−0.2781	0.04605
pH=2.7	−0.1789	0.05355

（3）PCB-ImAg

　　PCB-ImAg表面SKP电位分布及拟合结果如图10.6和表10.3所示。PCB-ImAg电位分布特征与PCB-ENIG类似，滴加pH=3.7的Na$_2$SO$_4$溶液后，液滴中心区域由于酸的活化作用而呈现低电位的冷色调，此时σ值出现极大值，表面电位差值最大；pH

值降低至2.7后，液滴边缘区域腐蚀程度加剧，暖色调颜色加深，中心区域电位也有所上升，电位期望达到 –0.2021 V，而整体上 σ 值却有所下降，电位差值减小。

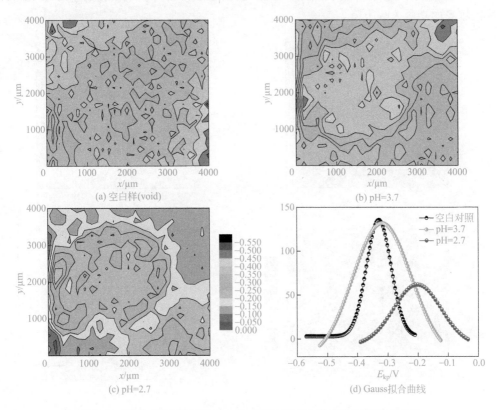

(a) 空白样(void)　　　　　　　　　　(b) pH=3.7

(c) pH=2.7　　　　　　　　　　(d) Gauss拟合曲线

图10.6　不同试验条件下PCB-ImAg表面SKP电位分布与高斯拟合曲线

表10.3　PCB-ENIG表面SKP电位分布的高斯拟合结果

PCB-ImAg	μ/V	σ
空白对照	−0.3292	0.04828
pH=3.7	−0.3178	0.06962
pH=2.7	−0.2021	0.06229

（4）PCB-HASL

PCB-HASL表面SKP电位分布及拟合结果如图10.7和表10.4所示。PCB-HASL试样滴加pH=3.7液滴后，表面电位仅有轻微的下降，期望值由 –0.6678 V 降至 –0.6869 V；然而，当液滴pH=2.7时，液滴区域电位急剧下降，电位图上表现为颜色极深的冷色调，电位分布则出现了明显的两个峰，无法进行单次高斯拟合，这表明PCB-HASL表面可能存在两个截然不同的状态，对这两个状态分别进行高斯拟合可以得到图中所示曲线，两条曲线几乎完美地结合在一起，计算可得整个区域的电位期望值

电子材料大气腐蚀行为与机理

为 –0.8078 V，σ 值增至 0.1478，两个状态的电位差值达到了 0.3 V。酸性液滴下 PCB-HASL 试样表面电位的下降可归因于 Sn 层表面二氧化锡保护膜的溶解，导致液滴作用区域表面功函大幅下降。

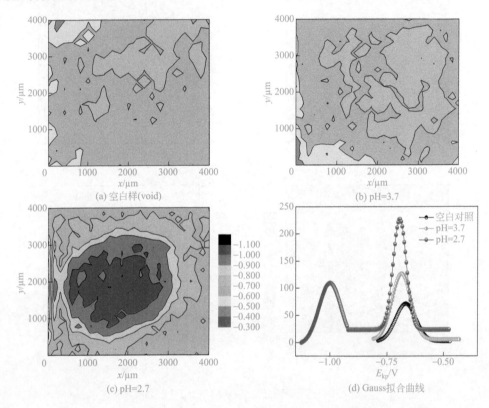

(a) 空白样(void)

(b) pH=3.7

(c) pH=2.7

(d) Gauss拟合曲线

图10.7　不同试验条件下PCB-HASL表面SKP电位分布与高斯拟合曲线

表10.4　PCB-HASL表面SKP电位分布的高斯拟合结果

PCB-ImAg	μ/V	σ
空白对照	–0.6678	0.05091
pH=3.7	–0.6869	0.05519
pH=2.7	–0.8078	0.1478

10.3 液滴下腐蚀机理

　　为研究不同工艺表面处理 PCB 电化学腐蚀的界面过程和动力学参数，模拟电介质溶液进行了 EIS 测试，结果如图10.8所示。从图中可以看到，PCB-Cu 的 Nyquist 图由一个容抗弧及其末端与 x 轴成 45° 角的直线构成，直线段的出现表明低频下电极反应过程受反应离子扩散步骤控制，显示了腐蚀产物的形成对界面离子扩散过程的阻碍作用[4]。采用图 10.9（a）所示等效电路对试验数据进行拟合分析，所得拟合曲线［图 10.8（a）］与实验数据重合性良好，相关参数见表 10.5，其中，R_s 代表溶液电阻，CPE_{dl} 代表双层电容，R_{ct} 代表电荷转移电阻，W 代表出现在低频端的 Warburg 扩散阻抗。其中，R_{ct} 在一定程度上反映了电极过程的阻力，常用来表征腐蚀速率，该值越小，腐蚀速率越大。从表 10.5 可以看到，未进行任何表面处理的 PCB-Cu 电荷转移电阻 R_{ct} 远小于其他三种带镀层试样，因而在液滴作用下腐蚀最为严重，整个液滴区域覆盖一层较厚的腐蚀产物膜。

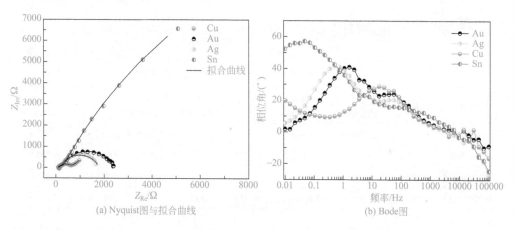

(a) Nyquist图与拟合曲线　　　　　　　(b) Bode图

图10.8　不同表面工艺处理PCB在pH=2.7 H$_2$SO$_4$溶液中EIS结果

从图 10.8（b）Bode 图可以看出，带镀层 PCB 试样在 pH=2.7 稀硫酸电解质中的 EIS 均存在两个时间常数，其 Nyquist 图由两个容抗弧组成，高频容抗弧反映了 PCB 表面镀层或腐蚀产物膜层信息（R_f：膜层电阻，CPE_f：膜层电容），而低频容抗弧则反映基底界面反应信息。对 PCB-ENIG 和 PCB-ImAg 而言，由于镀层孔隙的存在，电解液很容易与基底直接接触，因而采用图 10.9（b）所示等效电路进行拟合，相应拟合曲线和参数见图 10.8 和表 10.5。可以看到，PCB-ENIG 的电荷转移电阻 R_{ct} 略大于 PCB-ImAg 的，表明 PCB-ENIG 整体的耐蚀性能优于 PCB-ImAg。由此可以解释前面观察到的现象，根据 Evans 液滴试验的经典分析[5,6]，当电解液以液滴形式存在时，由于氧浓差效应[7]和酸的活化作用[8]，液滴中心区域腐蚀电位会明显低于边缘区域，优先发生腐蚀，腐蚀产物在靠近边缘的阴、阳极交界处沉积。随时间推移，液滴逐渐蒸发并在试样表面形成一层薄液膜，此时氧浓差效应虽然消失，但由于液滴边缘区域腐蚀产物的堆积导致电位升高，电位差依然存在。薄液膜下，金属离子水化、迁移过程较为困难，故对 PCB-ImAg 而言，腐蚀区域主要局限于靠近液滴边缘腐蚀产物环附近，难以向液滴中心区域发展，随着腐蚀产物的不断堆积膨胀，浸银层可能发生一定程度的破裂，基底 Cu 的氧化物或硫酸盐通过缺陷或裂缝迁移至试样表面。PCB-ENIG的情况则不同，其液滴边缘腐蚀程度相对较轻，主要是微孔腐蚀的形式，离子传输过程主要集中在镀金层微孔内部；另外，从SKP电位图中不难看出，PCB-ENIG表面电位差值明显大于PCB-ImAg，其腐蚀过程发展的驱动力更大，因而腐蚀区域能够蔓延至液滴中心区域。

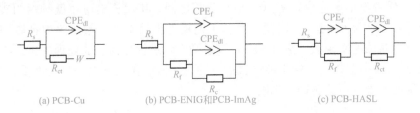

(a) PCB-Cu   (b) PCB-ENIG和PCB-ImAg   (c) PCB-HASL

图10.9　不同表面工艺处理PCB在pH=2.7 H_2SO_4溶液中EIS谱拟合采用的等效电路

表10.5　不同表面工艺处理PCB在pH=2.7 H_2SO_4溶液中EIS谱拟合结果

项目	R_s/Ω	W /(S·s⁵/cm²) /(S·s^5/cm²)	CPE_f /(S·s^n/cm²)	n_1	R_f /(Ω/cm²)	CPE_{dl} /(S·s^n/cm²)	n_2	R_{ct} /(Ω/cm²)
PCB-Cu	125.2	8.144E−3	—	—	—	1.304E−4	0.7348	503.5
PCB-ENIG	144.2	—	2.477E−5	0.9378	190.5	2.398E−4	0.7906	2057
PCB-ImAg	93.40	—	8.938E−5	0.8382	112.6	6.711E−4	0.8219	1568
PCB-HASL	101.9	—	2.872E−4	0.5583	186.0	8.912E−4	0.7304	3.693E4

　　PCB-HASL电极反应机理同PCB-ENIG和PCB-ImAg存在明显区别，结合前面的形貌与EDS能谱分析结果，可以认为锡层能有效地隔离基底Cu与电解液的接触，故EIS反映的主要是锡层表面信息。对PCB-HASL试样EIS实验数据进行拟合，采用图10.9（c）的等效电路：其中，R_f和CPE_f代表的是锡层表面氧化膜的电阻和电容；R_{ct}和CPE_{dl}则代表锡层与电解液界面反应的电荷转移电阻和双电层电容。从表中可以看到，PCB-HASL试样R_{ct}值远大于其他三种材料，即在该电解质溶液体系下PCB-HASL存在较大反应阻力，这也解释了PCB-HASL存在较大的表面电位差却腐蚀极为轻微。从SKP电位图（图10.7）中可以看到，PCB-HASL液滴作用区域由于酸的溶解作用电位明显降低，有着较高的腐蚀倾向，但由于其锡层腐蚀速率极低，表面的电位状态保持相对稳定状态，形成两种截然不同的表面电位状态共存的现象，结果PCB-HASL基本不发生腐蚀。

参考文献

[1] Krumbein S. Corrosion through porous gold plate[J]. Parts, Materials and Packaging, IEEE Transactions on, 1969, 5(2): 89-98.

[2] 孙敏, 肖葵, 董超芳, 等. 带腐蚀产物超高强度钢的电化学行为[J]. 金属学报, 2011, 47(4): 442-448.

[3] Rohwerder M, Turcu F. High-resolution Kelvin probe microscopy in corrosion science: scanning Kelvin probe force microscopy (SKPFM) versus classical scanning Kelvin probe (SKP)[J]. Electrochimica Acta, 2007, 53(2): 290-299.

[4] Liu Q, Dong C, Xiao K, et al. The influence of HSO_3^- activity on electrochemical characteristics of copper[J]. Advanced Materials Research, 2011, 146-147: 654-660.

[5] Evans U R. The corrosion and oxidation of metals: scientific principles and practical applications [M]. New York: St. Martin's Press, 1960.

[6] Wang W, Jenkins P E, Ren Z. Heterogeneous corrosion behaviour of carbon steel in water contaminated biodiesel[J]. Corrosion Science, 2011, 53(2): 845-849.

[7] Schafer G J, Gabriel J R, Foster P K. On the role of the oxygen concentration cell in crevice corrosion and pitting[J]. Journal of the Electrochemical Society, 1960, 107(12): 1002-1004.

[8] 邹士文, 李晓刚, 董超芳,等. 霉菌对裸铜和镀金处理的印制电路板腐蚀行为的影响[J]. 金属学报, 2012, 48(6): 687-695.

第11章
电子材料在薄液膜下的腐蚀机理

在电子设备复杂的使用环境条件下，金属腐蚀表现为非稳态薄液膜下的电化学过程，而薄液膜厚度的动态变化，不仅为金属腐蚀产物的萌生创造了条件，而且腐蚀产物蠕动迁移方向与薄液膜动态性和分散性特征密切相关。

在电子电路和器件的触点和接插件处，活性金属表面涂覆或溅射的惰性保护层出现小孔或缺陷处，表面沉积的含有离子性污染物颗粒或灰尘处，更加容易在金属表面上形成腐蚀性更强的微液滴或不连续的电解液膜。由于电子材料的大气腐蚀是非稳态薄液膜下的电化学过程，在微液滴或不连续的电解液膜易形成氧浓差腐蚀电池，诱发腐蚀的萌生。通常正是非稳态薄液膜下电化学所导致的金属腐蚀产物的萌生、蠕动行为，成为电路的短路或者断路的重要原因。由于在电子材料表面的薄液膜存在着厚度的不稳定性和分布的分散性，使得在非稳态薄液膜中的电流分布也与本体溶液中的电流分布存在较大的差异，薄液膜动态变化会导致在金属表面固相、薄层液相和含氧气相的三相交界区域数量增多，从而引起金属腐蚀微区电化学过程发生变化，加速了金属腐蚀电化学过程[1]。而目前国内外学者对于薄液膜下的电化学过程机理还存在不同的观点。例如：Stratmann[2]对液膜厚度减薄过程中电化学行为的研究表明，由于水分的蒸发导致溶质的浓缩和聚集，这使得薄液膜中氧的溶解度降低，从而引起氧还原速率的降低。Cheng等[3]研究了液膜厚度对2024-T3铝合金阴极过程的影响后发现，氧还原速率的降低可能是由于铝的氢氧化物的产生或氧的扩散模式由二维扩散向一维扩散的转变所造成的。Huang等[4]则提出薄液膜下的大气腐蚀过程中普遍存在着析氢反应，氢和氧的还原反应共同参与了腐蚀的阴极过程。

随着薄液膜电化学、微区电化学测量技术引进金属材料大气腐蚀研究领域，国内外学者可以通过电化学极化曲线对大气腐蚀试样的电化学性质进行描述，同时还可实现对腐蚀产物化学性质的研究，对金属大气腐蚀机理研究做进一步的推进。国外学者[5]使用石英晶体微天平并结合XPS研究了电镀Ni、Sn在薄液膜下的大气腐蚀动力学，原位动态研究了短期内的大气腐蚀。并将红外光谱、石英晶体微天平和原子力显微镜结合起来对暴露在不同湿度（60% RH、80% RH）大气中铜的氧化膜的生长和氧化膜上水膜的动力学规律进行了实时动态研究。随着腐蚀理论研究和观测仪器的进一步发展，近年来，许多学者[6-8]对大气腐蚀初期的微液滴和薄液膜现象进行了深入的观测与研究，其中包括原子力探针（AFM）、Kelvin探针、交流阻抗（EIS）对薄液和微液滴在大气腐蚀初期行为观测。这些新的观测仪器和手段，将电子材料大气腐蚀的研究推向"原位研究"和"原子尺度"，为电子材料环境腐蚀行为规律和机理研究提供利器。

由此可见，由于非稳态薄液膜下的腐蚀过程和机理具有复杂性，并且受到薄液膜控制与试验方法，以及微区电化学测试技术发展的限制，使得目前电子材料金属腐蚀电化学研究工作还处于探索阶段。目前，还存在着阳极过程腐蚀产物的生成、阴极过程中氧和氢作用以及薄液膜中电流分布情况等亟待解决的问题。

本章通过自行设计改进的薄液膜装置，并结合传统的电化学测试方法［阴极极化曲线、交流阻抗谱（EIS）］原位研究了PCB在75% RH、85% RH和95% RH不同湿度下（即不同厚度薄液膜）的腐蚀行为与机理，探讨了液膜厚度对其腐蚀行为的影响，为PCB实际服役环境下的选材和寿命评估提供数据基础和指导。

11.1 薄液膜试验方法

试验选用Sprine公司生产的PCB作为试验材料，PCB基本参数如表3.1所示；试样有效尺寸为20 mm×3 mm，如图11.1所示。两相同条状试样间距为0.5 mm，分别作为工作电极和辅助电极。在距试样0.5 mm处有一直径2 mm的小孔。试验前试样用酒精超声清洗5 min，去离子水超声清洗3 min，冷风吹干备用。

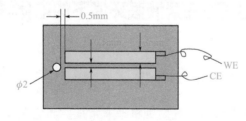

图11.1　PCB示意图

传统的薄液膜装置[8-10]形成的液膜厚度较厚，与材料在真实环境的腐蚀行为具有较大差异。为了更好地模拟PCB在大气环境中的腐蚀行为规律，本试验所采用的装置如图11.2所示，通过干湿气混合来调节湿度，湿气由可调节的加湿器提供，加湿器中溶液是由去离子水和氯化钠配制的3.5%（质量分数）NaCl溶液；U形管中填充饱和NaCl溶液。在环氧树脂上钻一个直径2 mm的小孔，试验时，将PCB黏附在环氧树脂上，并使小孔对齐；然后在小孔中注入NaCl和琼脂的混合液（盐桥），从而实现三电极体系的电连接。试验前通过调节下端底脚使PCB处于水平位置。

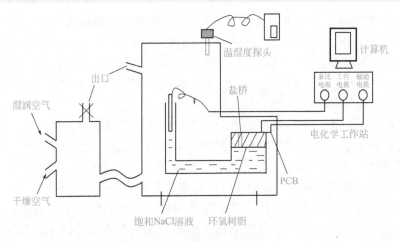

图11.2 试验装置示意图

采用Princeton Applied Research公司生产的PARSTAT 2273电化学工作站原位检测试样的电化学腐蚀过程。采用三电极体系，两相同的试样分别作为工作电极和辅助电极，饱和甘汞电极（SCE）作为参比电极。本试验阴极极化曲线测试从开路电位向负方向扫描，扫描速率为0.5 mV/s。EIS测试扫描频率为0.01 ～ 1×10⁵ Hz，扰动电位10 mV，测试结束后采用ZSimpWin对EIS数据进行拟合。溶液中阴极极化曲线测试电解质为3.5%（质量分数）NaCl溶液。整个试验过程在室温下进行；所用试剂均为分析纯。

11.2 PCB-Cu在薄液膜环境下的电化学腐蚀机理

11.2.1 阴极极化曲线

通常认为阳极极化曲线对研究腐蚀机理非常重要，但在吸附薄液膜条件下电流分布不均匀，无法真实反映电极过程[10,11]。而阴极电流主要来自溶解氧的还原反应，该反应主要受扩散过程影响，而扩散是以垂直于电极表面的一维扩散方式进行的，因此阴极电流在电极表面分布是均匀的[12,13]。因此本试验主要研究阴极极化曲线。

PCB-Cu在吸附薄液膜下的阴极极化曲线如图11.3所示。可以看出PCB-Cu在薄液膜环境下阴极电流密度随着相对湿度的增加而逐渐增大；并且均小于溶液中阴极电流密度。根据先前研究[11,14,15]，薄液膜环境下阴极电流密度大于溶液中阴极电流密度，并且在薄液膜厚度约为100 μm时，阴极电流密度达到最大值。这种差异主要是因为薄液膜形成方式不同，在本研究中薄液膜是通过吸附形成的，其液膜厚度通常小于 10 μm[16]。对图 11.3 中虚线框所示区域，由能斯特-菲克定律（式 11.1），其中 n 是氧还原反应的转移电子数，F 是法拉第常数，D_{O_2} 和 [O_2] 分别是溶解氧的浓度和扩散系数，δ 是扩散层厚度。可知 δ 越小，阴极电流密度越大，这与实际观察的现象相反。这种现象表明该试验中吸附薄液膜极薄，虚线框区域阴极氧还原过程并非由扩散过程控制，这是因为氧含量低导致氧的还原过程受到抑制[17]。事实上随着湿度的降低，液膜减薄，造成液膜中离子浓度更高，进而引起溶氧量减少（即氧的盐效应），导致阴极电流密度随相对湿度的降低而减小，王佳[18]等先前也发现了这种现象。

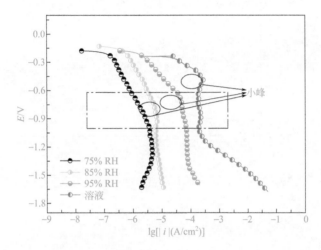

图11.3　PCB-Cu在不同湿度/溶液中暴露2 h后的阴极极化曲线

$$i_{\text{lim}} = \frac{nFD_{O_2}[O_2]}{\delta} \tag{11.1}$$

此外图 11.3 所示阴极极化曲线，均出现凸起的"小峰"；推测这可能是由于腐蚀产物的还原造成的[12,19,20]。为证明这一假设，以溶液中的 PCB-Cu 为例，进行 XPS 测试分析，测试元素结合能相对 C1s（284.8eV）进行标定，XPS 谱采用 Thermo Avantage 软件分析。

图 11.4 是 PCB-Cu 在 3.5%（质量分数）NaCl 液中浸泡 2 h 试验后表面腐蚀产物 XPS 分析中 Cu2p 高分辨谱。采用 Thermo Avantage 软件拟合后，Cu2p 高分辨谱可以分为 932 eV、932.2 eV、934.7 eV，其分别对应于 Cu_2O[21]、Cu[22]、Cu(OH)$_2$[23]。因此阴极极化曲线中"小峰"是由腐蚀产物 [Cu_2O、Cu(OH)$_2$] 的还原导致的。

当阴极极化至更负电位时，从阴极极化曲线可以看出，溶液中阴极极化电流密度以较快速率增加，95% RH 阴极电流密度增速较慢，而 75% RH 下阴极电流密度呈现出逐渐减小的现象。这是因为该区主要进行式（11.2）所示反应，溶液中水分充足，发生大量的析氢反应，导致阴极电流密度逐渐增加。而 75% RH 下液膜极薄，吸附液膜形成速度小于析氢速度，去极化剂（H_2O）逐渐减少，最终水的吸附过程与析氢过程达到一个新的平衡状态，因而导致极化电流密度逐渐减小。并且随着析氢反应的进行，75% RH 液膜可能逐渐变得不连续，这也使得离子通道阻力增加，造成阴极电流密度减小[24]。

$$2H_2O + 2e^- \longrightarrow H_2 + 2OH^- \qquad (11.2)$$

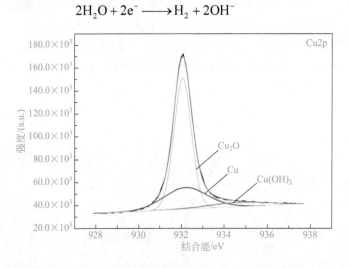

图11.4　在3.5%（质量分数）NaCl溶液中浸泡试验2 h后PCB-Cu表面腐蚀产物XPS分析结果: Cu2p

11.2.2　电化学交流阻抗

本文主要讨论95% RH和溶液中的交流阻抗谱。PCB-Cu板在溶液中和薄液膜下的EIS如图11.5所示。对于溶液中的EIS谱，由于PCB-Cu试样在空气中容易发生氧化而在表面形成一层氧化膜；因而初期采用图11.6（a）所示等效电路进行拟合；随着试验时间的延长，PCB-Cu腐蚀程度加剧，表面腐蚀产物增加，形成双层腐蚀产物结构，采用图11.6（c）所示等效电路进行拟合。对于薄液膜环境，试验初期试样表

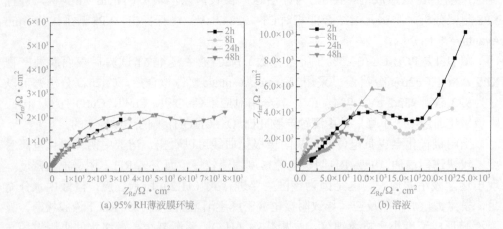

图11.5　PCB-Cu板在溶液中和薄液膜下的EIS图

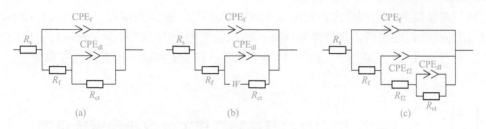

图11.6　EIS拟合等效电路

面存在氧化膜，EIS谱显示出明显的扩散尾弧，因而初期采用图11.6（b）所示等效电路进行拟合。随后虽然氧化膜层受到Cl^-破坏，但又形成了少量腐蚀产物；值得注意的是薄液膜环境下试样表面腐蚀产物较少，无法形成双层结构，这从阴极极化曲线也可以看出薄液膜环境下腐蚀较慢，腐蚀产物较少。因而薄液膜环境下试验后期EIS谱采用图11.6（a）所示等效电路进行拟合。其中R_s是溶液电阻；R_f和CPE_f分别表示试样表面氧化膜层的阻抗和容抗；R_{f2}和CPE_{f2}分别表示试样内层腐蚀产物的阻抗和容抗；R_{ct}和CPE_{dl}表示与双电层有关的电荷转移电阻和双电层电容。

　　通常可以采用极化电阻（R_p）来表示腐蚀速率的快慢，然而在电极表面状态发生变化时（如生成腐蚀产物等），电荷转移电阻（R_{ct}）与腐蚀速率具有更好的相关性，因此本研究中采用R_{ct}的倒数表示腐蚀速率的大小[8,15,19]。

　　图11.7是PCB-Cu在薄液膜及溶液中的$1/R_{ct}$与周期的关系图。可以看出PCB-Cu板在溶液中的腐蚀速率明显大于薄液膜下的腐蚀速率。对薄液膜环境，随着相对湿度的增加，腐蚀速率不断增大；此外PCB-Cu在85% RH、95% RH下的腐蚀速率整体上均随周期的延长而增加；75% RH下的腐蚀速率变化不大。对溶液环境而言，PCB-Cu试样在初期腐蚀速率逐渐增加，试验后期出现降低的现象。上述现象解释如下：75% RH下，液膜极薄，溶氧量少，并且后期形成的少量腐蚀产物也阻碍了腐蚀过程，因而腐蚀速率较小。随着湿度的增加，试样表面液膜厚度逐渐增加，液膜中氧含量增加，并且液膜越厚对金属离子的水化过程阻碍较小，因而腐蚀速率整体上

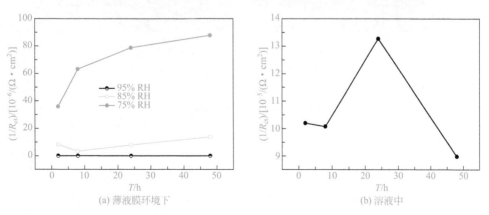

图11.7　PCB-Cu在薄液膜及溶液中的$1/R_{ct}$与周期的关系曲线

211

随着相对湿度的增加而增大。对溶液中PCB-Cu试样，试验初期在Cl⁻的侵蚀作用下，PCB-Cu腐蚀程度加剧，腐蚀速率增加；在试验后期，由于试样表面堆积较多腐蚀产物，并且形成了双层腐蚀产物层，使得电化学过程受到抑制，因而腐蚀速率降低。

11.3 PCB-ENIG在薄液膜环境下的电化学腐蚀机理

11.3.1 腐蚀微观形貌

PCB-ENIG在含氯吸附薄液膜下腐蚀前后的微观形貌如图11.8所示。可以看出，试验前，PCB-ENIG表面由许多类似于"圆形孢子"的结构组成。在95% RH，试验48 h后，试样表面发生了微孔腐蚀；并且分布有许多腐蚀产物，此外局部腐蚀产物区域逐渐萌生裂纹，随后腐蚀产物膨胀、脱落，形成明显的点蚀坑，如图11.8（b）所示。为了进一步研究表面腐蚀产物成分以及元素分布，进行EDS分析，分析结果如表11.1所示。EDS显示B区Cu元素含量较高，表明该区镀Au层腐蚀脱落裸露出了Cu基底；此外B区含有一定量的Cl，表明腐蚀产物中含有$Cu_2(OH)_3Cl$[25]。事实上，随着试验时间的延长，电解质会渗入基底，引发Au镀层与Ni及Cu层发生电偶腐蚀，进一步加速电子材料腐蚀失效。

(a) 0 h　　　　　　　　　　　(b) 48 h

图11.8　PCB-ENIG在95% RH试验前后腐蚀形貌

表11.1　PCB-ENIG表面腐蚀产物EDS分析　　　　　单位：%

元素	O	Cl	Ni	Cu	Au
A	3.77	0.45	82.75	4.57	8.46
B	41.53	6.44	32.19	15.65	4.19

11.3.2　阴极极化曲线

PCB-ENIG在吸附薄液膜下的阴极极化曲线如图11.9所示。可以看出PCB-ENIG在不同湿度（不同液膜厚度）下的阴极极化曲线，尤其是溶液中的阴极极化曲线可以分为三个部分（A区、B区、C区）。A区是开路电位附近的弱极化区，主要发生式（11.3）所示的阴极反应。对溶液中阴极极化曲线而言，B区是阴极氧极限扩散控制区。对不同厚度薄液膜下阴极极化曲线而言，B区阴极电流密度明显小于溶液中阴极电流密度，且液膜厚度越薄，阴极电流密度越小。由能斯特-菲克定律 [式（11.1）]；其中n是氧还原反应的转移电子数，F是法拉第常数，D_{O_2}和$[O_2]$分别是溶解氧的浓度和扩散系数，δ是扩散层厚度。可知δ越小，阴极电流密度越大，这与实际观察的现象相反。以上表明该试验中吸附薄液膜极薄，B区阴极氧还原过程并非由扩散过程控制，可能是因为溶氧量低导致氧的还原过程受到抑制[17]。由于随着湿度的降低，液膜减薄，造成液膜中离子浓度更高，进而引起溶氧量减少（即氧的盐效应），导致阴极电流密度随相对湿度的降低而减小。

$$O_2 + 2H_2O + 4e^- \longrightarrow 4OH^- \tag{11.3}$$

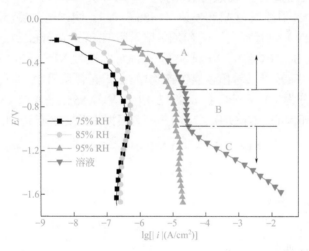

图11.9　PCB-ENIG在不同湿度/溶液中暴露2 h后的阴极极化曲线

对特定湿度下阴极极化曲线而言，均在B区出现凸起的"小峰"；推测这可能是腐蚀产物的还原造成的[12,19]。为证明这一假设，以95% RH下的PCB-ENIG为例，进行−1.65 V/SCE(vs. OCP)-OCP反向测试，扫描速率为0.5 mV/s，测试结果如图11.10所示。可以看出反向扫描时"小峰"消失；并且反向扫描时B区的阴极电流密度明显小于正向扫描时的阴极电流密度；而在C区，反向扫描时的阴极电流密度较大。这是因为在反向扫描时，腐蚀产物在C区发生还原，当扫描至B区时，腐蚀产物已完全还原，因此导致了正向扫描时阴极极化电流密度在B区较大、C区较小，并出现"小峰"现象。

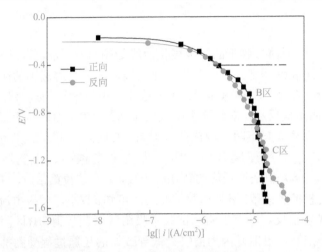

图11.10　95% RH下PCB-ENIG的阴极极化曲线

为了进一步证实阴极极化曲线上"小峰"是由于腐蚀产物的还原导致的，对试样2 h后试样表面腐蚀产物进行XPS分析。XPS仪器采用美国生产的ESCALAB 250Xi设备，其中X射线采用Al靶发射（1486.6 eV）。测试结束后，所有元素结合能相对C1s（284.8 eV）进行标定，所有XPS谱采用Thermo Avantage软件分析。

图11.11是PCB-ENIG经过2 h试验后表面腐蚀产物XPS分析Cu2p及Ni2p高分辨谱。从图11.11（a）可以看出，腐蚀产物中Cu元素含量极少，而含有相对较多的Ni。Ni2p谱可以分为3个不同峰：（852.7±0.1）eV、（855.5±0.1）eV、（856.3±0.1）eV，其分别对应于NiO、Ni(OH)$_2$、NiCl$_2$[26,27]。根据先前文献研究[28]，

$$Ni + 2OH^- \longrightarrow Ni(OH)_2 + 2e^- \tag{11.4}$$

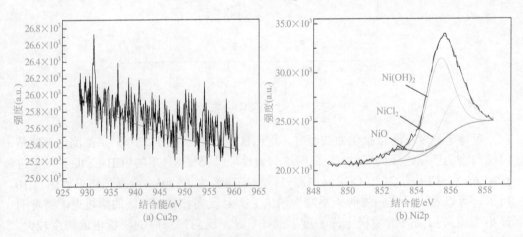

(a) Cu2p　　　　　　　　　　　　(b) Ni2p

图11.11　试验2 h后PCB-ENIG表面腐蚀产物XPS分析结果

该反应标准电位为−0.9338 V（SCE）。在本研究中，"小峰"处还原电位约

为 –0.8908 V（SCE）。"小峰"处还原电位略负于标准平衡电位，这可能是由于反应环境差异所致，例如：反应离子活度不同，试验温度不同等。因此，极化曲线中"小峰"主要是由于 $Ni(OH)_2$ 的还原所致。

此外可以看出，对 C 区而言，溶液中阴极极化电流密度以较快速率增加，95% RH 阴极电流密度增速较慢，而 75% RH、85% RH 下阴极电流密度呈现出逐渐减小的现象。这是因为 C 区主要进行式（11.2）所示反应，溶液中水分充足，发生大量的析氢反应，导致阴极电流密度逐渐增加。而 75% RH、85% RH 下液膜极薄，吸附液膜形成速度小于析氢速度，去极化剂（H_2O）逐渐减少，因而导致极化电流密度逐渐减小。并且随着析氢反应的进行，75% RH、85% RH 液膜逐渐变得不连续，这也使得离子通道阻力增加，造成阴极电流密度减小[24]。

11.3.3　电化学交流阻抗

由于 75% RH、85% RH 下 PCB-ENIG 的阻抗谱与 95% RH 的阻抗谱类似，因此这里主要讨论 95% RH 薄液膜和溶液环境中的交流阻抗谱。PCB-ENIG 板在溶液中和薄液膜下的 EIS 及 Bode 图如图 11.12 和图 11.13 所示。从图 11.12 中的 Bode 图可以看出溶液中的交流阻抗谱含有两个时间常数，因此用图 11.14（a）所示等效电路进行拟合。其中 R_s 是溶液电阻；R_f 和 CPE_f 分别表示腐蚀产物的阻抗和容抗；R_{ct} 和 CPE_{dl} 表示与双电层有关的电荷转移电阻和双电层电容。

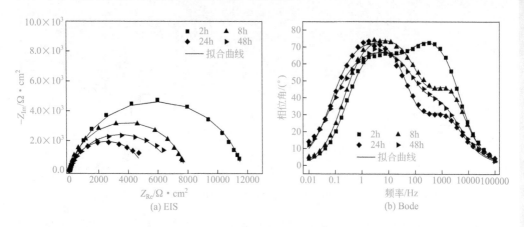

图11.12　PCB-ENIG在溶液中的EIS和Bode图

从图 11.13 中的 Bode 图可以看出当从高频向低频扫描过程中，相位角均大于 45°，认为至少在低频处的电流分布是均匀的[29,30]。因此在本研究中的电流分布不均对 EIS 的影响可以忽略不计。从图 11.13 中的 EIS 图可以看出，对 2 h 和 8 h 而言，Nyquist 谱含有两个时间常数，用图 11.14（b）所示等效电路进行拟合。而对于 24 h 和 48 h 而言，Nyquist 谱显示高频阻抗谱含有一个时间常数，Bode 图显示低频阻抗谱含有两个时间常数，因此 95% RH 下 PCB-ENIG 板在 24 h 和 48 h 的 EIS 图含有三个时间常数，用图11.14（c）所示等效电路进行拟合。其中R_s是溶液电阻；R_0和CPE_0是由于镀金层很薄（仅0.02 μm），不可避免存在的许多微孔导致的[31]；R_f和CPE_f分别表示腐蚀产物的阻抗和容抗；R_{ct}和CPE_{dl}表示与双电层有关的电荷转移电阻和双电层电容。75% RH、85% RH的阻抗谱同样采用图11.14（b）和图11.14（c）所示等效电路进行拟合。对常相位角原件CPE而言，

$$Z_{CPE} = \frac{1}{Y_0(j\omega)^n} \tag{11.5}$$

式中，ω为角频率；n为弥散系数，通常小于1，当n等于1时，相当于电容元件[8,32]。

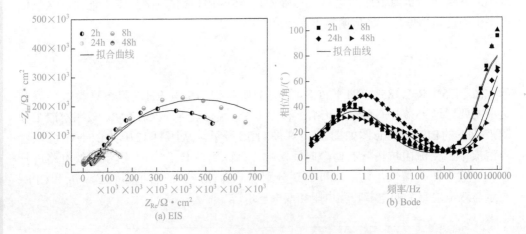

(a) EIS

(b) Bode

图11.13 PCB-ENIG在95% RH下的EIS和Bode图

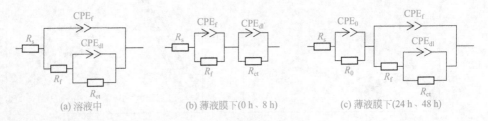

(a) 溶液中

(b) 薄液膜下（0 h、8 h）

(c) 薄液膜下（24 h、48 h）

图11.14 EIS拟合等效电路

通常可以采用极化电阻（R_p）来表示腐蚀速率的快慢，然而在电极表面状态发生变化时（如生成腐蚀产物等），电荷转移电阻（R_{ct}）与腐蚀速率具有更好的相关性，因此本研究中采用R_{ct}的倒数表示腐蚀速率的大小[8,15,19]。

图11.15是PCB-ENIG在薄液膜及溶液中的$1/R_{ct}$与周期的关系图。可以看出PCB-ENIG板在溶液中的腐蚀速率明显大于薄液膜下的腐蚀速率。PCB-ENIG在85% RH、95% RH下的腐蚀速率均随周期的延长呈现先减小后增加的规律；而75% RH下的腐蚀速率变化不大。这是因为75% RH下，液膜极薄，溶氧量少，并且后期形成的少量腐蚀产物也阻碍了腐蚀过程。在较高湿度下，液膜较厚，Cl⁻透过镀层微孔，造

成镍层发生腐蚀，而生成的腐蚀产物堵塞在微孔处，一定程度上抑制了腐蚀过程，导致腐蚀速率较低；但随着试验周期的延长，腐蚀产物逐渐萌生裂纹，随后裂纹扩展、变粗使得Cl⁻逐渐侵入到基底Cu，造成基底Cu发生严重的腐蚀。此外试验后期，随着电解质通过微孔渗入基底，Au镀层和低电位材料（Ni和Cu）相接触，引发电偶腐蚀，进而又导致腐蚀速率在试验后期增加，这与SEM微观形貌结果一致。

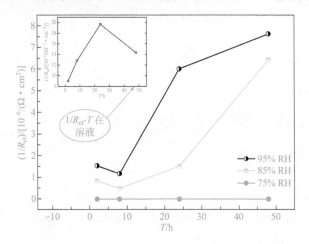

图11.15　PCB-ENIG在薄液膜及溶液中的$1/R_{ct}$与周期的关系曲线

在24 h后，95% RH下PCB-ENIG的腐蚀速率增幅不大；而85% RH下，PCB-ENIG的腐蚀速率出现大幅增加的现象。这可能是因为在腐蚀初期，95% RH下液膜中溶氧较多，PCB-ENIG腐蚀速率较快，生成较多的腐蚀产物，而较多的腐蚀产物在一定程度上又抑制了金属离子的扩散或水解过程，从而造成试验后期95% RH下的腐蚀速率较85% RH的增幅小。这也表明在试验后期腐蚀过程由阳极过程控制。

11.4　PCB-HASL在薄液膜环境下的电化学腐蚀机理

11.4.1　阴极极化曲线

PCB-HASL在吸附薄液膜下的阴极极化曲线如图11.16所示。可以看出随着相对湿度的增加，PCB-HASL试样在薄液环境下阴极电流密度逐渐增大，但均小于溶液中阴极电流密度。对溶液中阴极极化曲线，在−0.88 ～ 1.19 V表现出明显的氧扩散控制现象；而薄液膜环境下阴极极化曲线没有表现出氧扩散控制区。事实上，根据能斯特-菲克定律［式（11.1）］，其中n是氧还原反应的转移电子数，F是法拉第常数，D_{O_2}和$[O_2]$分别是溶解氧的浓度和扩散系数，δ是扩散层厚度。可知δ越小，阴极电流密度越大，这与实际观察的现象相反。上述现象表明该试验中吸附薄液膜厚度极薄，薄液膜环境的阴极氧还原过程并非由扩散过程控制。这也证实了薄液膜环境下不出现氧扩散控制区，并且阴极电流密度随着湿度的增加而增加。

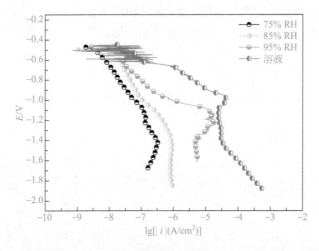

图11.16 PCB-HASL在不同湿度/溶液中暴露2 h后的阴极极化曲线

对阴极极化曲线而言，均出现明显凸起的"小峰"；推测这可能是腐蚀产物的还原造成的[12,19,20]。事实上，根据先前研究[33]，在NaCl环境中，Sn在−1.1 V（SCE）将发生Sn(OH)₂及SnO的还原过程。为证明这一假设，对在95% RH试验2 h后试样表面腐蚀产物进行XPS分析。测试结束后，所有元素结合能相对C1s（284.8 eV）进行标定，XPS谱采用Thermo Avantage软件分析。XPS谱如图11.17所示。

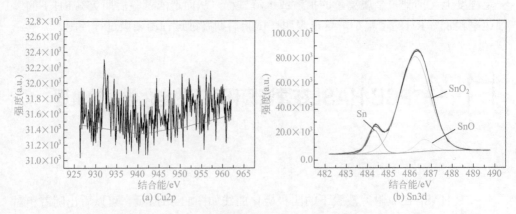

图11.17 试验2 h后PCB-HASL表面腐蚀产物XPS分析结果

从图11.17（a）可以看出，腐蚀产物中Cu元素含量极少；而含有相对较多的Sn。Sn3d谱可以分为3个不同峰：484.3 eV、486.2 eV、486.6 eV，其分别对应于Sn、SnO₂、SnO[34-36]。

本研究中阴极极化曲线显示"小峰"出现在 –1.11 V（SCE）位置。结合先前研究[33]，在 NaCl 环境中，Sn 在 –1.1 V（SCE）处主要发生 $Sn(OH)_2$ 及 SnO 的还原。因此本研究中阴极极化曲线上"小峰"主要是由于 SnO 所致。

当阴极极化曲线扫至较负电位时，溶液中阴极极化电流密度以较快速率增加，95% RH 阴极电流密度增速较慢，而 75% RH 下阴极电流密度呈现出逐渐减小的现象。这是因为 PCB-HASL 在电位较负时试样表面腐蚀产物已完全还原，此时主要进行式（11.2）所示反应，溶液中水分充足，发生大量的析氢反应，导致阴极电流密度逐渐增加。而 75% RH 下液膜极薄，吸附液膜形成速度小于析氢速度，去极化剂（H_2O）逐渐减少，因而导致极化电流密度逐渐减小。并且随着析氢反应的进行，75% RH 液膜逐渐变得不连续，这也使得离子通道阻力增加，造成阴极电流密度减小[24]。

11.4.2　电化学交流阻抗

本研究主要讨论 95% RH 和溶液中的交流阻抗谱。PCB-HASL 板在溶液中和薄液膜下的 EIS 及 Bode 图如图 11.18 和图 11.19 所示。在溶液环境下，对于试验初期（2 h、8 h），图 11.18（a）EIS 谱显示交流阻抗谱含有韦伯扩散阻抗，而 Bode 图显示含有两个时间常数，因而采用图 11.20（a）所示等效电路拟合。在试验后期，韦伯阻抗消失，Bode 图仅显示两个时间常数，因而采用图 11.20(b) 所示等效电路进行拟合。其中 R_s 是溶液电阻，R_f 和 CPE_f 分别表示试样表面氧化膜层或腐蚀产物的阻抗和容抗；R_{ct} 和 CPE_{dl} 表示与双电层有关的电荷转移电阻和双电层电容；W 表示扩散韦伯阻抗。

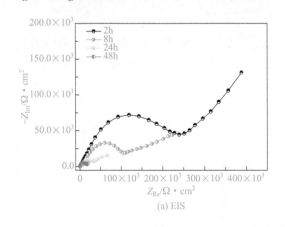
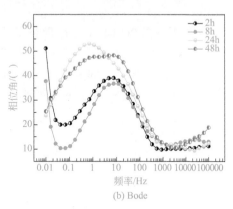

(a) EIS　　　　　(b) Bode

图11.18　PCB-HASL在溶液中的EIS和Bode图

对于薄液膜环境，从图 11.19（b）可以看出当从高频向低频扫描过程中，相位角均大于45°，认为至少在低频处的电流分布是均匀的[29,30]。因此在本研究中的电流分布不均对 EIS 的影响可以忽略不计。此外图 11.19（b）显示交流阻抗谱均含有两个时间常数，因而采用图 11.20（b）所示等效电路进行拟合。其中 R_s 是溶液电阻；R_f 和 CPE_f 分别表示试样表面氧化膜层或腐蚀产物的阻抗和容抗；R_{ct} 和 CPE_{dl} 表示与双电层有关的电荷转移电阻和双电层电容。

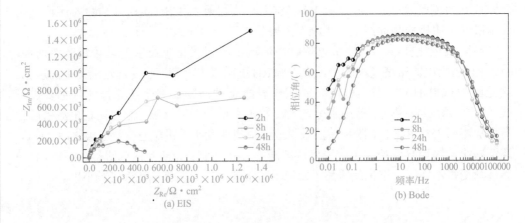

图11.19　PCB-ENIG在95% RH下的EIS和Bode图

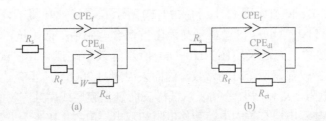

图11.20　EIS拟合等效电路

　　图11.21是PCB-HASL在薄液膜及溶液中的$1/R_{ct}$与周期的关系图。可以看出PCB-HASL板在薄液膜环境下，湿度为95% RH及85% RH时腐蚀速率相差不大，表现出相同腐蚀规律，均随试验时间的延长而增加；整体上PCB-HASL在95% RH下腐蚀速率稍大于85% RH下腐蚀速率；而75% RH下，腐蚀速率在整个试验周期内

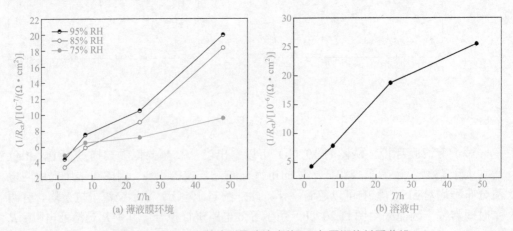

图11.21　PCB-HASL在薄液膜及溶液中的$1/R_{ct}$与周期的关系曲线

变化不大。但PCB-HASL在薄液膜下的腐蚀速率均小于溶液中的腐蚀速率。这主要是因为PCB-HASL板在试验前表面已形成一层较为致密的氧化膜层，对试样具有较好的保护作用。溶液中，随着试验时间的延长，在Cl⁻不断侵蚀作用下，PCB-HASL表面氧化膜逐渐破坏，因而腐蚀速率不断增加。对于薄液膜环境，液膜极薄，PCB-HASL表面电解质液较少，腐蚀过程相对缓慢，这从阴极极化曲线也可看出，薄液膜下阴极极化电流密度远小于溶液中阴极电流密度。由于PCB-HASL在85% RH时腐蚀速率与95% RH时腐蚀速率相差不大，这表明PCB-HASL相对其他处理工艺的电路板而言，具有更高的湿度敏感性，对湿度具有更加苛刻的要求。

参考文献

[1] 姜晶, 王佳. 液相分散程度对气/液/固多相体系腐蚀行为的影响[J]. 电化学, 2009, 15(2): 135-140.

[2] Stratmann M, Streckel H. On the atmospheric corrosion of metals which are covered with thin electrolyte layers-iii. the measurement of polarisation curves on metal surfaces which are covered by thin electrolyte layers[J]. Corrosion Science, 1990, 30(6-7): 715-734.

[3] Cheng Y L, Zhang Z, Cao F H, et al. A study of the corrosion of aluminum alloy 2024-T3 under thin electrolyte layers[J]. Corrosion Science, 2004, 46(7): 1649-1667.

[4] Huang Y L，Zhu Y Y. Hydrogen ion reduction in the process of iron rusting[J]. Corrosion Science, 2005, 47(6): 1545-1554.

[5] Itoh J, Sasaki T, Seo M, et al. In Situ Simultaneous Measurement with IR-RAS and QCM for Corrosion of Copper in a Gaseous Environment[J]. Corrosion Science, 1997, 39(1): 193-197.

[6] Zhang J B, Wang J, Wang Y. Micro-droplets formation during the deliquescence of salt particles in atmosphere[J]. Corrosion, 2005, 61(12): 1167-1172.

[7] Wadsak M, Schreiner M, Aastrup T, et al. Combined in-situ Investigations of Atmospheric Corrosion of Copper with SFM and IRAS Coupled with QCM[J]. Surface Science, 2000, 454-456: 246-250.

[8] Frankel G S, Stratmann M, Rohwerder M, et al. Potential control under thin aqueous layers using a Kelvin Probe[J]. Corrosion Science, 2007, 49(4): 2021-2036.

[9] 原徐杰, 张俊喜, 陈启萌, 等. 电场作用下金属锌在薄液膜下的腐蚀电化学研究[J]. 电化学, 2013, 19(005): 430-436.

[10] 周和荣, 李晓刚, 董超芳, 等. 7A04 铝合金在薄液膜下腐蚀行为 [J]. 北京科技大学学报, 2008, 30(8): 880-887.

[11] Zhang T, Chen C, Shao Y, et al. Corrosion of pure magnesium under thin electrolyte layers[J]. Electrochimica Acta, 2008, 53(27): 7921-7931.

[12] Zhong X, Zhang G, Qiu Y, et al. The corrosion of tin under thin electrolyte layers containing chloride[J]. Corrosion Science, 2013, 66: 14-25.

[13] Graedel T, Nassau K, Franey J. Copper patinas formed in the atmosphere—I. Introduction[J]. Corrosion Science, 1987, 27(7): 639-657.

[14] Zhou H, Li X, Ma J, et al. Dependence of the corrosion behavior of aluminum alloy 7075 on the thin electrolyte layers[J]. Materials Science and Engineering: B, 2009, 162(1): 1-8.

[15] Liao X, Cao F, Zheng L, et al. Corrosion behaviour of copper under chloride-containing thin electrolyte layer[J]. Corrosion Science, 2011, 53(10): 3289-3298.

[16] Huang H, Dong Z, Chen Z, et al. The effects of Cl⁻ ion concentration and relative humidity on atmospheric

corrosion behaviour of PCB-Cu under adsorbed thin electrolyte layer[J]. Corrosion Science, 2011, 53(4): 1230-1236.

[17] 姜晶. 液相分散程度在气/液/固多相体系腐蚀过程中的作用[D]. 青岛: 中国海洋大学, 2009.

[18] 王佳, 水流彻. 使用 Kelvin 探头参比电极技术进行薄液层下电化学测量[J]. 中国腐蚀与防护学报, 1995, 15(3): 173-179.

[19] Huang H, Guo X, Zhang G, et al. The effects of temperature and electric field on atmospheric corrosion behaviour of PCB-Cu under absorbed thin electrolyte layer[J]. Corrosion Science, 2011, 53(5): 1700-1707.

[20] Liao X N, Cao F H, Chen A N, et al. In-situ investigation of atmospheric corrosion behavior of bronze under thin electrolyte layers using electrochemical technique[J]. Transactions of Nonferrous Metals Society of China, 2012, 22(5): 1239-1249.

[21] Robert T, Bartel M, Offergeld G. Characterization of oxygen species adsorbed on copper and nickel oxides by X-ray photoelectron spectroscopy[J]. Surface Science, 1972, 33(1): 123-130.

[22] Ertl G, Hiegl R, Kn Zinger H, et al. XPS study of copper aluminate catalysts[J]. Applications of Surface Science, 1980, 5(1): 49-64.

[23] Deroubaix G, Marcus P. X-ray photoelectron spectroscopy analysis of copper and zinc oxides and sulphides[J]. Surface and Interface Analysis, 1992, 18(1): 39-46.

[24] Liu Z, Wang W, Wang J, et al. Study of corrosion behavior of carbon steel under seawater film using the wire beam electrode method[J]. Corrosion Science, 2014, 80: 523-527.

[25] Ma A, Jiang S, Zheng Y, et al. Corrosion product film formed on the 90/10 copper–nickel tube in natural seawater: Composition/structure and formation mechanism[J]. Corrosion Science, 2015, 91: 245-261.

[26] Marcus P, Grimal J. The anodic dissolution and passivation of Ni Cr Fe alloys studied by ESCA[J]. Corrosion Science, 1992, 33(5): 805-814.

[27] Mcintyre N, Cook M. X-ray photoelectron studies on some oxides and hydroxides of cobalt, nickel, and copper[J]. Analytical Chemistry, 1975, 47(13): 2208-2213.

[28] 曹楚南. 腐蚀电化学原理[M]. 北京: 化学工业出版社, 2008.

[29] Nishikata A, Ichihara Y, Tsuru T. An application of electrochemical impedance spectroscopy to atmospheric corrosion study[J]. Corrosion science, 1995, 37(6): 897-911.

[30] El-Mahdy G A, Nishikata A, Tsuru T. AC impedance study on corrosion of 55% Al–Zn alloy-coated steel under thin electrolyte layers[J]. Corrosion science, 2000, 42(9): 1509-1521.

[31] Zou S, Li X, Dong C, et al. Electrochemical migration, whisker formation, and corrosion behavior of printed circuit board under wet H_2S environment[J]. Electrochimica Acta, 2013, 114: 363-371.

[32] Chavarin J U. Electrochemical investigations of the activation mechanism of aluminum[J]. Corrosion, 1991, 47(6): 472-479.

[33] Huang B X, Tornatore P, Li Y S. IR and Raman spectroelectrochemical studies of corrosion films on tin[J]. Electrochimica Acta, 2001, 46(5): 671-679.

[34] Setty M, Sinha A. Characterization of highly conducting PbO-doped Cd_2SnO_4 thick films[J]. Thin Solid Films, 1986, 144(1): 7-19.

[35] Grutsch P, Zeller M, Fehlner T. Electronic energies of tin compound[J]. Inorganic Chemistry, 1973, 12: 1432.

[36] Ansell R, Dickinson T, Povey A, et al. Quantitative use of the angular variation technique in studies of tin by X-ray photoelectron spectroscopy[J]. Journal of Electron Spectroscopy and Related Phenomena, 1977, 11(3): 301-313.